気候
変動し続ける地球環境

Mark Maslin 著

森島 済 監訳

SCIENCE PALETTE

丸善出版

Climate

First Edition

A Very Short Introduction

by

Mark Maslin

Copyright © Mark Maslin 2013

All rights reserved. No part of this book may be reproduced or transmitted in any form or by any means, electronic or mechanical, including photocopying, recording or by any information storage retrieval system, without the prior written permission of the copyright owner.

"Climate: A Very Short Introduction, First Edition" was originally published in English in 2013. This translation is published by arrangement with Oxford University Press. Maruzen Publishing Co., Ltd. is solely responsible for this translation from the original work and Oxford University Press shall have no liability for any errors, omissions or inaccuracies or ambiguities in such translation or for any losses caused by reliance thereon.
Japanese Copyright © 2016 by Maruzen Publishing Co., Ltd.
本書は Oxford University Press の正式翻訳許可を得たものである.

Printed in Japan

監訳者まえがき

　気候に関連する分野はいわゆる気候学だけではなく，地質学や気象学，地理学，歴史学など多岐にわたる．本書をパラパラと斜め読みすると，観測時代以前の気候を対象とした気候学である古気候学，しかも地質学的立場から書かれた本のように思ってしまうかもしれない．しかし，実際にじっくりと読んでみると決してそうではないことを分かっていただけるだろう．本書に挙げられている例は，古気候のしかも地質年代を含むものとなってはいるが，その本質は全球的な気候分布の特徴を決める緯度や海陸分布，標高といった気候因子に着目したものであり，気候形成の仕組みや気候の地域性を理解するうえで非常にわかりやすい内容となっている．地質年代における現在とは異なる海陸分布と気候を，現在と比較するからこそ，気候因子の重要性を認識することができる．そして，過去と現在を比較するからこそ，現在における地球の気候システムの特徴がわかり，現在の地球温暖化という問題についても俯瞰的にみる視点などを与えてくれる内容となっている．こうした点において地球環境について学ぼうとしている学生の参考書あるいは気候学に関連した諸分野の教科

書としても，気候の成立ちの基本が理解できる格好の入門書である．

　本書はおよそ3部から構成されており，1章から4章の中で現在の気候の特徴とその形成の仕組みとが解説され，5章から7章で過去の気候の特徴が氷期の形成の話題を中心に展開され，8章から10章の中で地球温暖化問題と未来の気候が語られている．最後の部は割合に独立した内容となっているので，こうした問題に興味のある方は，はじめに読んでもよいかもしれない．2部の内容は，1部の知識を基礎として説明されている部分も多いので，順番に読み進めたほうがよいだろう．

　翻訳にあたって，聞き慣れないいくつかの用語については脚注として簡単な説明を加えたが，読みやすさのために可能な限り文中での説明を心がけた．編集段階では，固くなりがちな文章に対してのご指摘や，また素朴な疑問を投げかけていただいたお陰で，思わぬ誤訳を避けることができた．編集作業をしていただいた方々に感謝申し上げたい．

2016年5月

訳者を代表して　森島　済

訳者一覧

監訳者
森島　済　　　日本大学文理学部地理学科 教授

訳　者
赤坂　郁美　　専修大学文学部環境地理学科 准教授
田代　崇　　　日本大学文理学部地理学科 助手
羽田　麻美　　日本大学商学部 准教授
森島　済　　　日本大学文理学部地理学科 教授

(2016年5月現在，五十音順)

謝　辞

　刊行に際し，以下の方々に感謝申し上げたい．

　アン，クリス，ジョアンナ，アレキサンドラ，アビー・マスリンには，そばで協力をいただいた．そして，エマ・マーチャント，ラサ・メノンには，すばらしい編集と後押しをしていただいた．また，ロンドン大学ユニバーシティ・カレッジの環境研究所と地理学科，および TippingPoint, Rezatec Ltd., Permian, DmCii, kMatrix, Global Precious Commodities 各社のスタッフと仲間たちに感謝を申し上げたい．最後に，すばらしいイラストを描いてくれたマイルズ・アービングに特段の感謝を申し上げる．

目　次

1　気候とは何か？　1
　　はじめに／地球の寒暑／宇宙の中の地球／地球上をめぐる熱／まとめ

2　大気と海洋　15
　　大気／大気組成／温室効果／ハドレー循環，フェレル循環，極循環／表層海洋循環／エクマン輸送／慣性流／地衡流／深層水循環／世界の植生

3　気象と気候　41
　　はじめに／カオス理論／10年規模・準周期的気候システム／エルニーニョ／南方振動／ENSO予測／気候モデル

4　気候における極端な現象　57
　　はじめに／ハリケーン／竜巻／竜巻横丁／冬季擾乱／モンスーン／アマゾンモンスーン／アジアモンスーン地域での暮らし

5　テクトニクスと気候　77
　　はじめに／水平方向のテクトニクス／鉛直方向のテクトニクス／火山噴火／寒冷な地球と温暖な地球／スノーボール・アース／まとめ

6 気候の世界的寒冷化　99

はじめに／過去1億年／何が大規模な凍結を引き起こしたのか？／なぜ250万年前なのか？／氷期における熱帯の反応／中期更新世の気候転換期

7 大氷河時代　113

はじめに／大氷河時代の消長／時計仕掛けの気候？／氷期-間氷期サイクルを引き起こす原因／最終氷期の詳細な分析／氷がつくる大地／草本を失ったアマゾンの事例／不安定な氷期／ハインリッヒ・イベントの要因とは？／完新世／まとめ

8 将来の気候変化　137

はじめに／人為的気候変化／証拠の重み／クライメートゲート事件／気候変化とその影響／"安全な"気候変化の程度とは？／まとめ

9 気候変化の抑制　151

はじめに／緩和／代替エネルギー／二酸化炭素の除去／太陽放射管理（SRM）／気候工学におけるガバナンス／適応／まとめ

10 究極的な気候変化　179

はじめに／次の氷期／次の超大陸／沸騰する海洋／地球の終焉

参考文献　189
索　引　193

第1章

気候とは何か？

はじめに

　着る衣服から，感染する病気に至るまで，生活のあらゆるところに気候は影響を与えています．これは，私たち人間が，限られた範囲の温度と湿度を快適と感じるためです．快適な範囲は，約20～26℃の気温と，20～75％の湿度の間にありますが，私たちは世界中のさまざまな場所に暮らしており，時としてその環境が快適ではない気温や湿度であることもあります（図1）．ですから，私たちは快適さを保つために衣類や住居を適応させることを学んでいます．衣装ケースに掛けてある衣類は，ファッショナブルなものや，そうでないものもあるかもしれませんが，実際に私たちが生活し，1年を通じて変化する気候を映し出しています．カナダの冬では厚手のコートを着ますし，リオデジャネイロの会議では，

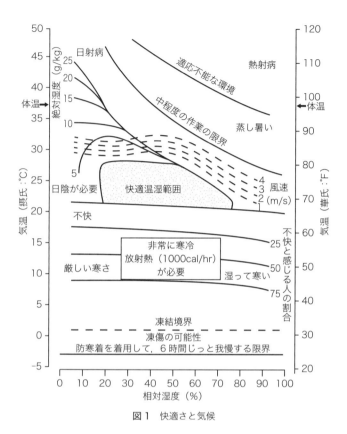

図1 快適さと気候

半そでのシャツを着ます．クローゼットを見れば，休みに行きたい場所のヒントがあります．もしあなたが極域を目指す新進の探検家なら，極地用のとても暖かい服が掛けてあります．また，浜辺での日光浴が好きなら，代わりに短パンやビキニが掛けてあることでしょう．

家も，地域の気候に応じて建てられています．英国では外気温がたいてい20℃以下なので，ほとんどの家でセントラルヒーティングが設置されていますが，まれに26℃を超えるので，一部に冷房が設置されています．一方，オーストラリアではほとんどの家に冷房がありますが，セントラルヒーティングを設置しているのはまれです．気候は都市の構造や世界中の輸送手段にも影響します．テキサス州ヒューストンの主要な都市の建物はすべて地下道でつながり，その距離は約11 kmにも達しています．これは完全に気候に制約され，人口が集中した95の街区をつないでいるのです．ヒューストンでは1年のうち少なくとも5か月は平均気温が30℃を超えているので，人々は暑い日や雨の日に地下道を使うのです．同様に，カナダには豪雪と極寒を避けるために地下モールがあります．

　気候は食物を得る場所や時期を制約します．なぜなら，農業は雨，霜，雪，そして日射量や暖候期の長さを含む生育期間に制約されるからです．単純にいえば，米は温暖で湿潤な気候で生育しますが，一方小麦はより温帯的な気候に育ちます．気候は，食物の品質にも影響を与えます．例えば，ビンテージものの素晴らしいフランスワインは，冬期に数回，短期間の霜を受け，その霜が木を硬くしたときに，素晴らしいブドウができて，生産されることがよく知られています．また，農家は，温室でトマトを育てたり，一定したより多くの水を土地に供給するように灌漑をしたりして，局地的気候を

つくっています．

　さらに，気候は熱波や干ばつ，洪水，嵐のような極端な天気の場所にも関連します．しかし，多くの場合，私たちの極端な現象の受け止め方は，局所的な状態によって決定されています．2003 年に北欧を襲った熱波は一つの例で，このとき英国でははじめて 37.8℃ を記録しました．一方，熱帯の国々では，気温が 45℃ を超えるような熱波には見舞われていません．多くの疾病は温湿度と関係しているので，気候は私たちの健康にも大きな影響を与えます．例えば，一般に風邪によく似た症状のインフルエンザの発病は冬にピークとなります．1 年の中での冬の時期は南北半球で異なるので，世界的に見ると実際には年 2 回のインフルエンザの季節があります．インフルエンザウイルスは冬の後に両半球間を移動するので，前の半年間に一方の半球で現れた新型インフルエンザに対する新しいワクチンを開発する期間を提供します．インフルエンザが気候に左右される理由について数多くの議論がありますが，原理的には寒冷乾燥状態の下でウイルスがより長く地表面で生存でき，人々の間でより容易に感染できるというものが有力です．また，ビタミン D がウイルスに対する抵抗や免疫を与えるといわれています．ビタミン D は日光により体内でつくられるので，冬や熱帯の雨季といった，日光から遠ざかり，人々が屋内にいる時期に，ビタミン D は減少し，インフルエンザの発症率が増加するのです．

地球の寒暑

　地球の気候は，極域よりも赤道域でより多くの太陽エネルギーを受け取ることによって形成されています．地球を巨大な球体と考えれば，太陽に最も近い場所は中緯度や赤道です．赤道は太陽が最も頻繁に天頂を通過し，まさに地球で最も多くの太陽エネルギーを受け取る場所です．赤道から南北に離れるにつれ，地表面は太陽から離れるとともに曲率をもち，太陽光線に対して地表面は斜めになっていきます．このことは，太陽エネルギーがより広い範囲に広がり，地表面が暖まりにくくなることを意味しています．仮に平坦な円盤上に私たちが暮らしているとするなら，1370 W/m^2 の太陽エネルギーを受け取ることになりますが，球形であるために実際には平均して 343 W/m^2 のエネルギーしか受け取っていません（図2）．さらに，太陽から発生するエネルギーのほんの一部分しか地球は受け取っていません．地球が太陽から受け取る1Wのエネルギーにつき，太陽は20億Wものエネルギーを発していることを考えれば，太陽に比べて地球がいかに小さいのかがわかります．多くのSF作家が星の周りの帯や球面を想像するのは，この宇宙空間へ失われているエネルギーのすべてを集めるためなのです．

　地球に達した太陽エネルギーのうち，約3分の1が宇宙へ直接反射されます．これは，ある表面での反射率を示す「アルベド」で説明されます．例えば，白い雲や雪のアルベドは

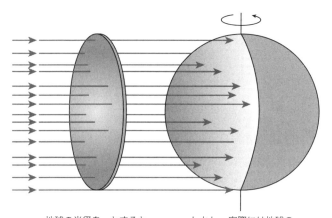

地球の半径をrとすると断面積πr^2に太陽エネルギー（約 1370 W/m²）を受け取ることになる

しかし，実際には地球の表面積$4\pi r^2$で受け取るので平均して受け取るエネルギーは約 343 W/m² となる

図2　地球表面に分配される太陽エネルギー

非常に高く，降り注ぐ日光のほぼすべてが反射されますが，表面が海や草原，熱帯雨林のように色が黒いものほどより多くのエネルギーを吸収します．極域は赤道よりも入射するエネルギーが小さいだけでなく，宇宙へより多くのエネルギーを反射します．つまり，北極と南極の白い雪と氷は高いアルベドをもち，宇宙へ多くの太陽エネルギーを反射します（図3）．一方，低緯度地域の黒っぽい植生は反射が小さく，より多くのエネルギーを吸収します．このような二つの過程により，熱帯域は暑く，極域は寒いことになります．このエネルギーの不均衡を解消するために，エネルギーは大気と海洋によって熱として赤道から両極域に向けて運ばれ，このことが

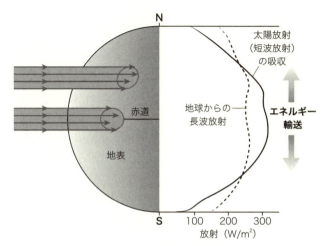

図3 太陽放射の入射角によって生じる赤道からのエネルギー輸送

気候に影響を及ぼしています．

宇宙の中の地球

　気候は，地球と太陽の関係の中で，二つの基本的な事実によって制御されています．一つめは地球の自転軸の傾きで，これが季節をつくり出しています．二つめは地球の自転で，夜と昼をつくり，大気と海洋の循環をつくり出します．

　地球の自転軸（地軸）は軸道面に対し約23.4度傾いていて，結果としてそれぞれの半球が年間を通して受け取るエネルギーの総量は同じでも，季節による違いを生じさせていま

す．季節変化は，気候に対して最も大きな影響を与えます．もし地軸が傾かず，真っ直ぐであったなら，四季はなかったと考えると驚きです．温帯域での植生の量に大きな変化はなく，熱帯域にモンスーンやハリケーンの季節もなかったことでしょう．季節があるのは，1 年の中で地球に当たる太陽光の角度が変化するからです．

例として 12 月 21 日の北半球を考えてみると，北半球側は太陽から遠ざかるように傾いており，そのため北半球側に当たっている太陽光は，大きな角度をもち，広い地域に広がっています．傾きが非常に大きいために，北極では太陽光が地表面に達することはなく，24 時間真っ暗な状態をつくっています．一方，南半球側は太陽のほうに傾いており，太陽光がより天頂から当たるため，すべてが反対となります．これは南極大陸が 24 時間太陽光を受け，オーストラリアの人々が浜辺で夕食をとりながら，日焼けすることを意味しています．地球は太陽の周りをおよそ 365.25 日かけて回りますが（そのため，4 年に一度の閏年となる），そのとき地軸の角度に変化はありません．つまり，6 月の地軸は北半球側が太陽のほうに傾いているので，北半球に多くの太陽光が直接入射して夏となり，一方南半球では太陽光が弱まり冬を迎えるのです．

太陽の視点から 1 年を見ると，この傾きが季節を通していかに地球に影響を与えているか理解できます．6 月 21 日からはじめると，太陽は正午に北回帰線上（北緯 23.4 度）の天頂にあり，北半球の夏至に当たります．太陽の角度は 9 月 21 日まで南方へと動き，このとき，太陽は正午に赤道の天

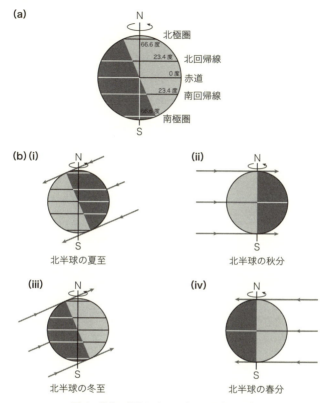

図4 地軸の傾きによって生じる至点と分点

頂にあり，北半球では秋分です．太陽は南方に移動し続け，12月21日には南回帰線上（南緯23.4度）で正午に天頂にあり，南半球の夏至となります．これ以降，太陽は北方へと動き，北半球の春分の日，つまり3月21日に赤道の天頂に達します．このようにして，季節サイクルは続くのです（図4）．

季節は，気候にかなり大きな影響を与えます．ニューヨークを例にとると，冬の気温は−20℃を下回りますが，夏の気温は35℃を上回り，55℃もの気温差が生じます．さらに，嵐にも季節性があります．

地球上をめぐる熱

　気候に影響を及ぼす二つめの大きな要因は，自転です．まず，自転は昼と夜をもたらし，1日の気温変化を生じさせています．例えば夏のサハラ砂漠では，日中の気温が38℃を上回る一方，夜間の気温は5℃を下回ります．しかし，香港では，日最高気温と日最低気温の差である日較差は小さく，4℃を下回ります．季節によって，また地域によっても日射量は変化します．極域では日照時間が0〜24時間まで変化するのに対し，赤道では毎日12時間です．夏の期間，太陽光を頭上から直接受け取るだけでなく，長時間受け取るので，日中のこの変化は季節的な差異をつくり出しています．

　しかし，自転は，赤道から高緯度へと向かう熱輸送をより複雑にしています．これは，自転が大気や海流を含めて，すべての流れを曲げるためです．地球の自転が，大気と海流の流れを流れる方向に対し，北半球では右側へ，南半球では左側へ曲げるという単純な規則があります．この偏向は，コリオリの効果とよばれるもので，極に向かうにつれ増大します．

　よく引き合いに出される日常の事例に，排水口やトイレの

水の流れ方があります．北半球では，水が排水口を時計回りに流れ落ちるのに対して，南半球では反時計回りに流れ落ちるというものです．しかし，言いたくはありませんが，風呂やトイレで流れる水の方向は，コリオリの効果や地球の自転に関係してはいません．また，北半球と南半球のトイレの間で，回転方向に一貫した違いはありません．これは，水の残差運動や容器形状の効果に比較して，コリオリの効果の影響がきわめて小さいためです．赤道に住む人々が観光客に対してコリオリの効果を見せる素晴らしい商売も，単純で巧妙なごまかしなのです．ケニアでは，赤道を横切るときに路肩に止まると，地元の住民が喜々としてバケツから水をろうとに注ぎ込み，赤道の両側で明らかに回転の向きが違っていることを実演して見せます．しかし，この違いは手首や水の注ぎ方にすべての理由があり，それが回転に影響を与えるのです．ですが，たとえ完全にインチキだとしても，それは現地の人々の仕事であり，観光客がコリオリの効果について耳を傾けるようになるので，私はこの実演が好きです．

　気候の話に戻りますが，なぜ海流や風はこのように偏向するのでしょうか？　赤道から北に向かってミサイルを発射することを想像してみてください．東に自転している地球からミサイルが発射されるので，ミサイルもまた東へ移動します．地球上で赤道は東西に最も広い部分ですので，地球が自転するとき，ほかの緯度帯とともに動くということは，空間上で最も速く動くということになります．地球表面は球面（状）になっているので，赤道から北もしくは南に離れるにつれ，動きは赤道より遅くなります．赤道は1日で地球の円

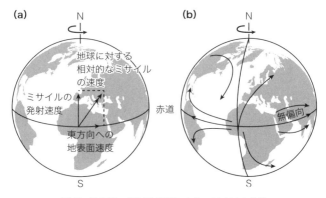

図 5 地表面の相対的移動によるコリオリの効果

周 4 万 74 km を時速 1670 km で動くことになり,一方北緯 23.4 度の北回帰線は 3 万 6750 km を時速 1530 km で移動し,そして北緯 66.6 度の北極圏では 1 万 7662 km を時速 736 km で移動するということになります.北極では相対的な運動はまったくなく,時速 0 km です.あなたが北極点に立って,友だちと手をつないでみると,地球の外からは友だちはあなたよりずっと速く移動するように見えるでしょう.つまり,赤道から発射されたミサイルは,赤道と同じ東向きの速度をもちながら,北回帰線方面に北へと動きますが,一方,地球表面はミサイルと同様には東に進みません.ミサイルは,進入する地域よりも,より速い速度で東に移動しているので,北東へ動いているように見えるのです.当然,極に近づくほど速度の違いは大きくなり,東への偏向も大きくなります(図 5).

まとめ

　気候システムはとてもわかりやすいものです．これは，赤道と極で受け取る太陽エネルギー量の違いに影響されています．気候はこの不均衡をもとに戻すエネルギーのたんなる再分配です．第2章で示すように，この再分配を行っているのがまさに大気と海洋なのです．地球の自転軸が太陽光に対して斜めで，このことが強い季節サイクルをもたらすために，複雑性は増します．そのうえ，地球は24時間で回転し，昼と夜を繰り返しています．それは，自転する地球上で，エネルギーの再配分が赤道から離れて生じることも意味しています．さらに地球の自転はコリオリの効果を生み出し，ほぼすべての天気系がなぜ回転して見えるのかを説明する手助けとなります．

第 2 章
大気と海洋

　この章では，大気と海洋が気候へ与える影響と，これらがいかにして地球上で太陽熱を蓄え，再分配しているか考えてみます．そして，海洋が赤道からの熱輸送に対して支配的である一方，大気が中・高緯度で支配的となる理由について説明します．最後に，世界の主要な気候帯についてまとめ，なぜ地球には主要な三つの降水地帯と二つの砂漠があるのかを説明します．

大　気

　大気圏の中で気象現象は生じます．大気は地球の表面からはじまり，高度が上昇するにつれ，しだいに薄くなりますが，宇宙との間に明確な境界線はありません．上空 100 km に任意に設定されたカルマン線は，ハンガリー系米国人のエンジニアで物理学者でもあったセオドア・フォン・カルマン

(Theodore von Karman, 1881〜1963) の名前に由来していますが, 通常大気圏と宇宙空間との境界を示しています. 気象が生じる大気の層は, 約 16 km 程度の薄さです. 海洋もまた, 天気や気候を調整する重要な役割を担っています. 海洋は平均約 4 km の深度をもつので, 気候を調整している層の厚みは合計 20 km 程度となります. 大気は気体の機械的混合物で, 化合物ではありません. 重要なのは, これらの気体が地表から約 80 km まできわめて一定の割合で混ざっていることです. 大気の容積のうち 99.98% が, 窒素と酸素, アルゴン, 二酸化炭素で占められています. 二酸化炭素やメタン, 水蒸気といった相対的に少量の温室効果ガスが, 大気の熱的性質に大きな影響力をもつことは, 興味深いことです. この章の後半では温室効果を話題にしますが, 第 8 章では地球温暖化についてより詳しく論じます.

大気組成

無色, 無臭, 無味で, その大部分が不活性気体である窒素は, 大気中の容積の 78% を占めています. 大気の 0.9% を占めるアルゴンもまた無色, 無臭, 無味で, そのすべては不活性ガスです. これらとは対照的に, 21% を占める酸素は非常に反応性に富む気体です. 酸素は地球上のすべての生命を支え, 動植物の生体内作用と大気との間で絶えず循環しています. 酸素は水素と結合して水をつくり, その気体である水蒸気は, 気象に関する限り最も重要な大気組成の一つです.

酸素は，酸素原子二つが結びつく代わりに，原子が三つ結びついたオゾンまたはトリオキシゲンとよばれる別の気体もつくっています．この気体は大気中できわめて重要な気体であり，それはこの気体が成層圏（約 10〜50 km）に薄い層をつくり，がんの原因ともなる有害な紫外線を除去しているからです．しかし，この"層"においてさえ，オゾン濃度は体積のわずか 2〜8 ppm（parts per million：百万分率）であり，大部分は通常の酸素分子となっています．フロンガスの利用によって，この重要な気体の多くが壊され続けましたが，北極や南極にオゾンホールが確認されるようになってようやく，世界中の国々がすべてのフロンと関連の化合物の使用を禁止すること（例えば，1985 年のオゾン層の保護のためのウィーン条約や 1987 年のオゾン層を破壊する物質に関するモントリオール議定書）に合意したのです．

　二酸化炭素は地球大気の約 0.04 ％を占め，地球を相対的に暖かく保つために重要で，主要な温室効果ガスです．最近になるまで，二酸化炭素量は植物の光合成による消費と動植物の呼吸による生産を通してバランスが保たれてきました．しかし，過去 100 年間にわたる人類の産業は，より多くの二酸化炭素を大気中へ放出する原因となり，この自然のバランスを狂わせました．

　エアロゾルは海塩や塵（とくに砂漠由来），有機物，煙といった浮遊性の微粒子です．これらのエアロゾルは，取り込まれる高度によって，地域的な加熱や冷却を左右します．高

い高度にあるエアロゾルは，日光を反射することによって局所的な冷却をもたらすのに対して，低い高度では地球から出る熱を吸収することによって大気を暖めます．産業の過程を通じて，大気中のエアロゾルは増加し，都市域のスモッグや酸性雨，"地球暗化（グローバルディミング）"を生じさせる局所的な冷却をもたらしてきました．しかし，エアロゾルの最も重要な効果は，雲の形成を促進することにあります．微粒子がなければ，水蒸気は凝結することができず，雲はできません．そして，雲がなければ天気の変化も起こりません．

　忘れられがちですが，水蒸気は最も重要な温室効果ガスであり，大気の体積の約1%を占めています．しかし，この量は地球の水循環と複雑に結びついているため，時間的にも空間的にも大きく変化します．大気中の水蒸気の最も重要な役割には，雲の形成や雨，雪といった降水の生成があります．温かい空気は，冷たい空気よりも水蒸気を多く含むことができます．ですから，例えば，空気が上昇したり，冷たい空気塊に出合ったりして，冷却されたときには，多くを水蒸気として保つことができず，水はエアロゾルの周りで凝結し，雲を形成するのです．後に議論する重要な点は，水が気体から液体へ変わるときにエネルギーが放出され，まさにこのエネルギーがハリケーンのような大きな嵐への燃料となっていることです．雲にはいろいろな形や大きさがあり，どのような天気となるのか見分ける方法としてすぐれています．

温室効果

　地球の温度は，太陽から受け取るエネルギーとそのエネルギーの宇宙への損失とのバランスによって決まります．地球に入る紫外線や可視光を主とする太陽（短波）放射は，そのほとんどすべてがさえぎられることなく大気を通過します（図6）．唯一の例外はオゾンであり，幸いなことに，このオゾンが私たちの細胞に有害な紫外線領域の高いエネルギーを吸収するため，大部分は地表面には達しません．太陽放射の約3分の1は，宇宙空間へと反射されます．残りのエネルギーは，陸地と海洋に吸収され，これらを暖めます．そして，陸地と海洋は，得た暖かさを長波（赤外）放射あるいは熱放射として放出します．水蒸気や二酸化炭素，メタン，一酸化二窒素といった大気中の気体は，この長波放射の一部を吸収し，大気を暖めているので，温室効果ガスとして知られています．この効果は大気中で観測されており，実験室で何度も再現されています．温室効果がなければ，地球は少なくとも35℃は気温が下がり，熱帯域の平均気温は約−5℃となるので，私たちには温室効果が必要です．産業革命以降，何億年も前に蓄積された石油，石炭，天然ガスといった化石燃料を燃焼し，二酸化炭素やメタンとして空気中へ放出し，温室効果を強め，地球の気温を上昇させています．事実上，過去に蓄積した太陽エネルギーを気候システムに放出し，地球を暖めてきたのです．

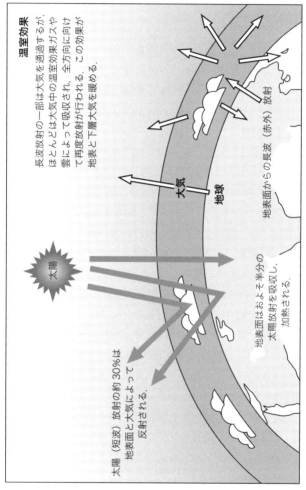

図6　温室効果

コラム1　大気の鉛直構造

大気は，気温をもとに便宜的にいくつかの明瞭な層に分けることができます（図7）．

対流圏

大気の最下層は，大気擾乱や気象現象が最も激しいところです．大気の75%と，実質的にはすべての水蒸気を含んでいます．この層の中で，気温は高さとともに1 kmあたり平均して6.5℃下がり，層の上端は逆転層で覆われています．対流圏界

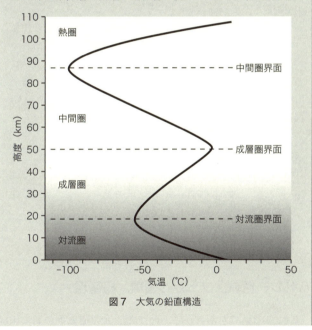

図7　大気の鉛直構造

面とよばれているこの層は、対流圏と気象現象に対する蓋の役割をしています。

成層圏

2番目の層は、対流圏界面からおよそ50 kmまで広がっています。成層圏には紫外線を吸収するオゾンの大部分があり、最高気温は成層圏界面で生じ、0°Cを超えることもあります。この大きな昇温は、空気の密度がこの高度で相対的に小さいことが原因です。

中間圏

成層圏界面の上では、平均気温が最低−90°Cまで下がります。オゾンと酸素分子による太陽放射の吸収によって、高度80 km以上で気温はふたたび上昇しはじめます。この気温逆転層は、中間圏界面とよばれています。中間圏の気圧はきわめて低く、地上気圧がおよそ1000 hPaであるのに対し、高度50 kmの1 hPaから高度90 kmの0.01 hPaにまで減少します。

熱　圏

中間圏界面より上の大気の密度は、とても低いものとなっています。この層の中では、酸素原子と分子による太陽放射の吸収が気温を上昇させています。

ハドレー循環，フェレル循環，極循環

これまで見てきたように、地球の形は赤道と極の間に気温

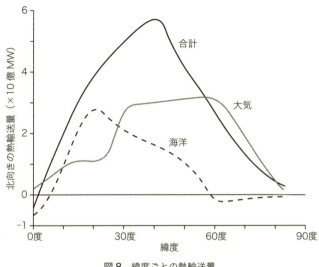

図8　緯度ごとの熱輸送量

の不均衡をもたらしています．大気と海洋はともに赤道から熱を運ぶ働きがあります．しかし，気候ではよくあるように，ことは少し複雑です．赤道では太陽による強い加熱が，地表面付近の空気を暖め，そして空気を上昇させます．暖かい空気が上昇するのは，暖かい空気中の気体分子が活発に動き，密度が小さくなるためで，同様に冷たい空気は沈み込みます．上昇によるこの空気の損失は，空間と低気圧をつくり，そこに吸引される空気によって満たされます．これが，南北半球で貿易風を生じさせます．北東貿易風と南東貿易風は，熱帯収束帯（ITCZ）で合流します．これにより，ある問題が生じます．というのも，気候システムが赤道周辺地域から熱を懸命に出そうとしているのに，これらの流入する風

第2章　大気と海洋　　23

が，この熱の移動を妨げるからです．そのため，熱帯域において大部分の熱を運ぶのは表面海流なのです（図8）．これらの流れの一つにメキシコ湾流がありますが，この流れは熱帯大西洋から熱を奪い，その熱を北方へと運び，欧州の天候を1年中温暖にしています（コラム2）．ほかには，北太平洋西部の黒潮海流や，南大西洋西部のブラジル海流，南太平洋西部の東オーストラリア海流があります．

一方，熱帯の大気中で上昇する空気は，上昇と極への移動によってゆっくりと冷え，南北30度の緯度付近で沈み込み，

コラム2 金髪と海洋循環

メキシコ湾流が，金髪で色白な人々をつくったのかもしれません．メキシコ湾流は西欧をとても暖かい気候にしているので，昔の農民たちでさえ，ノルウェーやスウェーデンといった信じられないほど北方の国々で農作物を栽培することができました．昔の居住者は，グリーンランド氷床中部やアラスカのツンドラ北部に当たるような北極圏にまでいました．しかし，極北に住むことの大きな欠点の一つに，日光の不足があります．人間にはビタミンDが必要で，欠乏すると子どもはくる病を発症します．この病気は骨を軟化させ，骨折や深刻な奇形をもたらします．ビタミンDは皮膚でつくられ，太陽からの紫外線にさらされることが必要です．これはもちろん，アフリカで進化した私たちの祖先にとっては問題となりませんでした．それとはまったく逆に，私たちの祖先の黒い肌は，強い日射から

亜熱帯高圧帯を形成します．この沈降性の空気は地表面に近づくにつれて広がり，南北へと移動していきます．この空気は水蒸気のほとんどを失っており，そのため，この空気が下降する陸上は乾燥し，世界中の主要な砂漠のいくつかをつくり出しています．低緯度側へ向かう空気は，ハドレー循環とよばれる循環とつながり，貿易風の一部になっています．一方，高緯度側へ向かう空気は偏西風となり，海洋に代わり高緯度側への主要な熱運搬を行う大気の流れとなります．高緯度へ向かう暖かい亜熱帯の空気の移動は，寒帯前線で寒冷な寒帯気団と接触するときにのみ停止します．極域では，地表

の保護をしていました．しかし，私たちの祖先はより北方へと移動し，それに伴い太陽放射は弱くなりビタミンDの生成量も減少しました．各時代の中で，最も明るい肌と髪の色をもつ人々だけが，くる病の発症を防ぐことができました．つまり，肌と髪の色が明るいほど，太陽放射を吸収することができ，よりビタミンDを生成することができたのです．そのため，これらの地域では，色白で金髪という人々が選択されていったのです．一方で，たとえば脂質の多い魚やキノコのような食べ物でもビタミンDは摂取できます．それが，北極のイヌイットで同様の選択が働かなかった理由となります．

　しかし，もしメキシコ湾流や昔のスカンジナビア住民の頑固さがなく，農作物だけを摂取し，魚を食べないという食習慣となっていなければ，本物の金髪がなかったのではないかという議論は，興味深いものです．

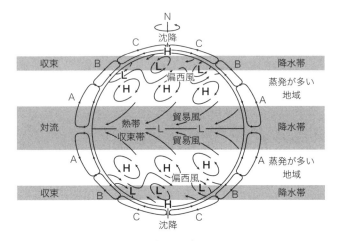

図9 主要な大気循環
A：ハドレー循環　　B：フェレル循環　　C：極循環
H：高気圧　　L：低気圧

面の強い冷却が空気を極端に冷やして下降気流をつくるので，低緯度側へ向かう風が生じています．この寒冷な寒帯の空気が寒帯前線で暖かく湿った偏西風と出合うと，この接触によって，偏西風は降水というかたちで水蒸気の多くを失います．また，寒冷な寒帯の空気はより重いため，暖かい亜熱帯気団を上昇させます．この上昇する空気は南北に分流し，フェレル循環（中緯度循環）と極循環の二つの循環につながっています．上空で低緯度側へと向かう流れの一つは，高緯度側へと向かう熱帯気団と出合い，下降流となって中緯度のフェレル循環を形成しています．また，高緯度へと向かう上空の風は，極域で冷却されて沈み込み，そこから吹き出す風となり，極循環を完結させています（図9）．三つの循環の

うち，二つの循環の名称はイギリスの弁護士でアマチュア気象学者であるジョージ・ハドレーに由来しており，彼は18世紀はじめに貿易風を維持するメカニズムを説明しました．19世紀中頃には，米国の気象学者ウィリアム・フェレルが中緯度の大気循環を詳細に説明することにより，ハドレーの理論を発展させました．

　これらの循環の重要な要素は，ジェット気流とよばれる上層の狭い領域で吹く強い風です．ジェット気流の中心は対流圏界面の近くにあり，対流圏と成層圏の間を行き来することを示しています（コラム1）．ジェット気流は，主として西から東に向かって流れる偏西風ですが，たいてい，その経路は蛇行しています．さらには，二つ以上の流れに分流したり，一つに合流したり，時には逆方向となる西への流れを含むさまざまな方向に流れを変えたりを繰り返しています．最も強いジェット気流である寒帯ジェット気流は，高度7〜12 kmの高度にあり，いくぶん弱い亜熱帯ジェット気流はより高い10〜16 kmの高度に位置しています（図10）．北半球と南半球のそれぞれに寒帯ジェット気流と亜熱帯ジェット気流があります．北半球の寒帯ジェット気流は，中緯度から北方の北米，欧州，アジア，途中の海洋を吹走し，一方で南半球の寒帯ジェット気流は，1年を通じてほとんど南極大陸の周りを回っています．ジェット気流は，地球の自転と大気のエネルギーの組合せによって生まれ，大きな温度差のある気団境界近くに形成されます（図10）．

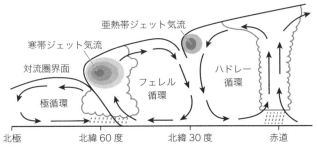

図10 主要な鉛直方向の大気循環とジェット気流

　地球の大気循環は，それぞれの半球に存在する単純な三つの循環と二つのジェット気流という模式で理解されますが，実際にはもっと複雑です．一つには，地球が自転しているため，コリオリの効果の影響が加わります．これは，北や南に流れようとする気塊が地球の回転によって偏向されることを意味しています．その例に，プラネタリー波とよばれる大きなジェット気流の蛇行の形成があります．これは天候に多大な影響を及ぼし，2012年の春と夏の例では，寒帯ジェット気流内のプラネタリー波が固定された状態になり，米国で広範囲にわたる熱波をもたらし，4〜6月には英国に記録的な雨をもたらしました．二つめには，陸地が海より早く暖まるため，大陸上の空気が上昇し，地上風の循環が変わることが挙げられます．これは，局地的な海陸風の原因となりますが，より大規模にはモンスーン循環を引き起こします．ひいては，季節が大気循環に大きな影響を及ぼします．なぜなら，それぞれの半球の夏の期間，陸地は海よりも早く暖められるため，南半球の夏には熱帯収束帯がオーストラレーシア

（オーストラリア大陸・ニュージーランド・タスマニア・ニューギニアおよびその周辺の島々の地域）に向かって南に移動し，南米と南東アフリカに横たわる一方，北半球の夏には北に引っ張られ，インドや東南アジア，北米に横たわることになるからです．

しかし，ハドレー循環は，なぜ地球上に三つの主要な降水帯が存在し，なぜ赤道の南北に移動する対流性降水域があり，なぜ温暖で湿潤な亜熱帯性大気と寒冷で乾燥した寒帯性大気が接する南北両半球に収束性降水帯が存在するのかをまさに説明しているのです．ハドレー循環はまた，世界に二つの主要な砂漠帯がなぜ存在するのかを説明しています．これらの砂漠帯は，二つの降水帯に挟まれ，ハドレー循環とフェレル循環の間にある，極度に乾燥した下降気流が生じている場所なのです．北半球の適例として，北アフリカのサハラ砂漠や中国のゴビ砂漠があり，南半球には中央オーストラリアや南アフリカのカラハリ砂漠があります．

ハドレー循環は三つの主要な低気圧領域も特徴づけています．一つめは寒帯前線上の"冬季擾乱"です．二つめは亜熱帯高気圧と貿易風帯で，ハリケーンや台風の卵ができる場所です．三つめは熱帯収束帯で，そこでは速やかに上昇する空気が冷えて，激しい降水を伴う熱帯性の雷雨が形成され，陸地に移動するとモンスーンをつくり出します（詳細は第4章）．

表層海洋循環

 上述したように，世界中に熱を輸送することにおいて海洋表層は重要です．海面を移動させる地上風の作用によって，表層の海洋循環は生じています（図11）．水面上を風が吹走すると，摩擦によって風から表層水へとエネルギーが移動し，主要な流れがつくられます．風のエネルギーは水柱の乱流により深くまで運ばれ，深い水深にまで風による流れが生じます．これには，(a) エクマン輸送（運動），(b) 慣性流，(c) 地衡流，の三つの主要な流れのタイプがあります．

エクマン輸送

 スウェーデンの海洋学者ヴァン・ヴァルフリート・エクマン（Vagn Walfrid Ekman, 1874～1954）は，等密度で無限に深く，無限の広がりをもった海洋上に一定の風が吹いている場合に，コリオリの効果が水柱に作用する唯一の力であると予測しました．海面から離れるにつれ，風の影響は減少し，コリオリの効果がより大きくなり，水の螺旋運動が生じます（図12）．この結果，海洋表層の正味の運動は，風の吹走方向に対して90度の向きとなります．この現象は，フリチョフ・ナンセン（Fridtjof Nansen）が1890年代の北極探検の中ではじめて記し，海氷の移動が風の方向とある角度をもっているように見えるとしています．当然のことながら，移動方向は両半球で反対になります．北半球での移動方向は風の

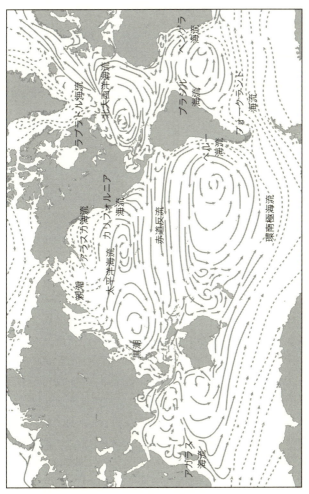

図11 主要な表層海流

第2章 大気と海洋　31

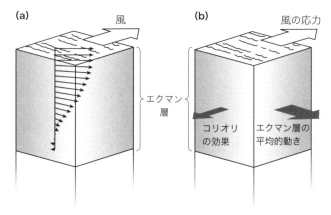

図12 風の応力によるエクマン輸送（北半球）

吹走方向に対して，右に90度であるのに対し，南半球では左に90度となります．

慣性流

表層水は膨大な量です．例えば，メキシコ湾流はおよそ100 Sv（スベルドラップ）の流れをもちます．1 Svは1秒あたり100万 m^3 あるいは100万トンの流速です．河川から海洋へ流れ込む淡水の地球全体の合計は，およそ1 Svです．つまり，これらの水塊は大きな運動量をもち，風の応力がなくなった後でも長い間流れ続けます．風が止むと，摩擦とコリオリの効果だけが水塊に作用し続けます．摩擦によって流れが止まるまで北半球では右方向，南半球では左方向に曲がっていくことでしょう．

地衡流

　エクマンの仮定に反して，海洋は無限に広くも，無限に深くもありません．海洋は大陸という境界をもち，そして風によって運ばれる水は，大陸に対して海洋の中央部が盛り上がる傾向にあります．このことが海面に勾配を生じさせ，高圧域から低圧域へ流れる水が静水圧に影響を及ぼします．この力は，水平圧力傾度として知られ，コリオリの効果によっても影響を受け，地衡流として知れている流れをつくり出しています．地衡流を研究する方法の一つに，海面の力学的高低図を観ることがありますが，言い換えれば，ほかの地域よりも高い海面を観るということです．

　風によって生じるエクマン流，慣性流，地衡流の組合せによって，全球的なおもな海洋循環の特徴のほとんどが生じています．主要な特徴の一つに，海盆ごとに存在する環流があります．これらの大規模な回転する海流系は，南北大西洋，南北太平洋，そしてインド洋に見られます．一方，表層海洋循環には別の影響も存在しており，それは深層流が形成される際の表流水の沈み込みによってけん引されるというものです．

深層水循環

　深海の循環は，両半球間で熱を交換することにより，全球

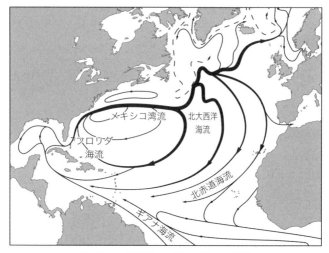

図13　北大西洋における主要な表層海流

的に気候を制御する重要なものの一つとなっています．実際に，深海は内的作用として数百年から数千年の長期的気候変化をもたらすとともに，気候を安定化する唯一の仕組みであり，それは海洋の体積と熱容量，慣性によるものです．今日，熱帯の太陽はメキシコ湾の表面水を加熱しています．この加熱により大量の蒸発が起こり，水循環のはじまりとなる水蒸気を大気へ提供しています．このすべての蒸発により塩分に富む表層水が残されます．そして，この暖かく高塩分濃度の表層水が，風によってカリブ海からフロリダ沿岸に沿って流され，北大西洋へと入って行きます．これが有名なメキシコ湾流のはじまりです（図13）．メキシコ湾流は，アマゾン川で最も広い川幅の約500倍の幅をもっており，米国沿岸に

沿って流れます．そして，さらに北大西洋を横切って，アイルランド沿岸，アイスランドを通過し，ノルウェー海へと入ります．メキシコ湾流は北方へ流れ，北大西洋海流となるにつれ，冷却されていきます．高い塩分濃度と低い水温の組合せにより，表層水の密度もしくは重さは増していきます．

　ここで淡水と海水の違いについて考えることにしましょう．淡水が冷やされると，面白いことが起こります．それは，水温が4℃になるまで密度が増し，その後減少して0℃で凍ることです．これは，池が凍るときに表面が凍り，最も重い4℃の水が底にあることを意味しており，池や湖の生物を守るには最適です．水に塩を徐々に加えていくと，凝固点が下がっていきます．凍結を防止するために道に塩をまくのもこの理由からですが，これによって最も密度が大きくなる温度も下げることになります（図14）．水1kgに塩を26g加えたとき，密度が最大となる温度と凝固点が一致します．つまり，1kgあたり35gの塩分を含む海水は，凍るまで，より重くなり続けます．水が凍るときには，さらに面白いことが起こります．それは，液体の水よりも軽い固体の氷がつくられることです．表層水がアイスランド北方の比較的塩分濃度の低い海域に達したとき，表層水は十分に冷却され，深海に沈むほどに密度が増しています．この高密度の水塊が沈み込むことによるけん引が，温暖なメキシコ湾流の強さを維持しており，北東大西洋への暖かい熱帯海洋水の流れを確かなものにし，温暖な気団を欧州へと運んでいるのです．メキシコ湾流の運ぶエネルギーは，原子力発電所100万基分で

第2章　大気と海洋

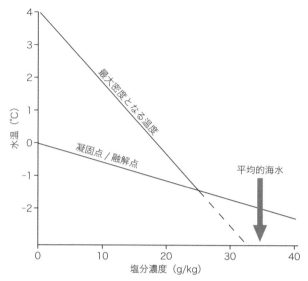

図14 水に関する温度,塩分,密度の関係

発電されるエネルギーに等しいと計算されています.メキシコ湾流が欧州の気候にどれほどよい影響を与えているのか不思議に思うのなら,大西洋を挟んで同緯度に位置するロンドンとカナダのラブラドル地方,リスボンとニューヨークなどの冬を比べてみてください.もしくは,海洋と大陸の間に似通った地理的関係をもつ,西欧と北米西海岸を比較してください.およそ同緯度にあるアラスカとスコットランドはよい例です.

北欧海域で新たにつくられた深層水は,2000〜3500 m の深さに沈み込み,北大西洋深層水(NADW)として大西洋

を南に向かって流れていきます．そして，南大西洋で，南極底層水（AABW）とよばれる南極海でつくられた別の深層水と出合います．この深層水の形成過程は NADW とは異なるものです．南極大陸は海氷に囲まれ，深層水は沿岸のポリニアとよばれる海氷にできた大きな穴の中で生じています．海に向かって吹く南極の風は，海氷を大陸沿岸から押し流し，これらの穴をつくり出します．風は非常に寒冷なため，表面にさらされた海水を過冷却状態にします．このことがより多くの海氷の生成を促し，さらに非常に寒冷な海水に含まれる塩分が取り除かれて氷はできるので，残された海水の塩分濃度は上昇します．こうして，世界中で最も寒冷で高塩分濃度の海水がつくられるのです．AABW は南極の周囲を流れ，北大西洋に侵入しており，そこではより暖かく，いくぶん軽い NADW の下を流れます．また，AABW はインド洋と太平洋にも流れ込んでいます．NADW と AABW は大海洋コンベアベルトの重要な要素となっており，何百年，何千年もの時間スケールで両半球の熱を交換します（図15）．

　NADW と AABW のバランスは現在の気候を保つうえできわめて重要です．それは，欧州を通過するメキシコ湾流の流れを維持するだけでなく，南北両半球の間で適切な熱交換を行っているからです．大量の淡水が流入して沈み込みが起こらないほどに表層の海水が軽くなってしまったら，深層水循環が弱まったり，"停止"したりするのではないかと科学者たちは懸念しています．その根拠がコンピュータモデルや古気候研究から導き出されているのです．淡水が加えられた

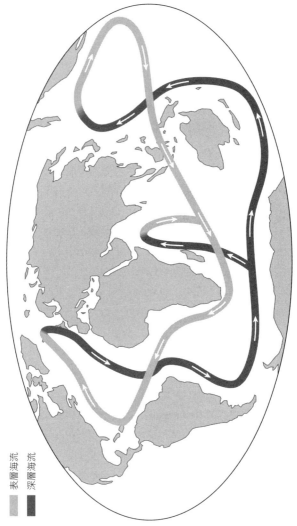

図15 深層海流と表層海流の循環（海洋コンベアベルト）

表層海流
深層海流

り，水が暖められたりすると，海水が沈み込むのに十分な密度になれません．こうした密度が小さくなることを意味する「ディデンシフィケーション（非高密度化）」という言葉が科学者たちによりつくり出されています．気候変化により，グリーンランドの氷の一部が溶けるかもしれないという懸念があります．これによって，より多くの淡水が北欧の海に加えられ，NADWとメキシコ湾流が弱められる可能性があります．そうなった場合，欧州の冬は，一般的にはより厳しい天候を伴う寒冷なものとなるでしょう．しかし，温暖なメキシコ湾流の影響はおもに冬季であるため，この変化は夏の気温には影響しないでしょう．つまり，もしメキシコ湾流が機能しないとしても，地球温暖化は依然として欧州の夏を暑くすることでしょう．欧州は，アラスカによく似たきわめて季節的な天候推移を示すことになるでしょう．

世界の植生

　世界の植生帯は気温と降水量の年平均値と季節性に支配されています．気温は緯度とともに変化し，熱帯域の最も温暖な状況から極域の最も寒冷な状況へと変わります．これまで見てきたように，熱帯域の対流性降水帯と南北両半球の中緯度にある収束性降水帯という三つの主要な降水帯があります．これらの降水帯の間に，二つの主要な砂漠帯が横たわっています．植生は，これらの気候帯に従います．つまり，熱帯雨林は1年中降水が多い熱帯域にあります．サバンナは，降水量が多い季節と，4か月を超える長い乾季のある熱帯域

に分布します．世界中で最も大きい砂漠は中緯度に見られます．ここでは，降水の季節性は曖昧で，ロンドンで晴天に対していうようなことが，多くの砂漠では雨に対していうことができ，非常に短期間に雨が降り，残りの期間はきわめて乾燥した状態にあります．地中海はもちろん，カリフォルニアや南アフリカといった冬に雨が降り，夏がとても乾燥するところでは，固有の地中海性植物相となります．中緯度の高緯度側には，温帯林や北方林が成立します．年間の雨量が少ない地域では，ステップ植生が見られます．温度が制約要因となる高緯度では，ツンドラとなります．別の要因の影響がある場所では，異なる植生が成立することがあり，海流によって冷涼な天候がもたらされる場合には，通常期待されるものよりさらに高緯度側の気候植生が見られます．第5章で示すように，山脈や山塊は，雨が降る場所や砂漠が生じる場所にきわめて大きな影響を与えます．

　最後になりますが，植生はそれ自体が気候に影響を与えることを知っておいてください．一つめに，植生はその場所のアルベドを変えます．つまり，熱帯雨林は，ツンドラよりも多くの日射を吸収します．二つめに，植生はとてもうまく水を再循環させるので，湿潤な空気が維持されます．アマゾン流域における総降水量の50%は樹木によって再循環された水であり，蒸発した水が新しい雲を生み出しているのです．

第3章
気象と気候

はじめに

　多くの人は，天気（気象）と気候を混同しています．科学者が数週間先の天気を予測できないことを，現在誰もが知っています．そのため，科学者がこの先50年の気候予測を質問されるとき，人々の混同は深刻となります．通常，気候は「平均的な気象」と定義されます．気候のもともとの定義は「30年間の平均的な気象」でしたが，この定義は変わってきています．それは，最近50年の間，10年おきに著しい気候の変化が見られるようになってきたためです．気象のカオス的性質は，数日先の予測を不可能にしています．しかし，長期間の平均を考えると，気候を理解し，気候変化をモデル化することがかなり簡単になります．わかりやすい例を挙げると，ある人の寿命を予測するのは不可能ですが，先進国の

人々の平均寿命が約80歳であることは高い信頼性をもって予測できます．天気と気候を混同するその他の理由として，人々が平均的な気象ではなく，一般的に異常気象を記憶していることが挙げられます．例えば，2003年，2012年に英国と米国それぞれを襲った熱波や，2010年にパキスタンとオーストラリアで起こった洪水のことを誰もが覚えています．そのため，私たちの気象に対する受け止め方は，平均的な気象や気候についての認識というよりも，むしろこれらの異常気象によって歪められています．

カオス理論

米国の国立気象局は，最も正確な気象予測を可能とするために年間10億ドルを費やしています．気象予測は大規模なビジネスであり，暴風雨の正確な予測は多くの人命を救い，数十億ドルの節約にもなるため，ほかの国の気象機関においても同様な資金が費やされています．今日における3～4日先の気象予報は，20年前の2日先の予報と同じくらいに正確です．また，3日間の降水予報は1980年代半ばの1日予報と同じくらいに正確です．急な洪水の予報精度は，60％から86％に改善されています．さらに，これらの洪水の被害を受ける可能性がある住民は，1986年には8分前に警戒情報を受け取っていましたが，現在はほぼ1時間前に受け取ることができます．竜巻警報を受け取ってから住民が避難するまでの猶予時間は，1986年には5分でしたが，現在は12分以上となっています．激しい局地的な雷雨や同様の豪雨の

発生については，20年前には12分前にしかわかりませんでしたが，最近では18分前にわかるようになっています．全ハリケーン経路の70％は少なくとも24時間前に予測することができ，また上陸地点は160 km以内で予報できます．

　これらは大きな成果ですが，なぜすべての技術と気候システムに関する知識をもってしても，10日先，1か月先，もしくは1年先の気象が予測できないのでしょうか？　さらに，今日は快晴であるとか，雨が降るといったテレビの天気予報すべてについて考えてみてください．なぜ気象を予測することが，それほど難しいのでしょうか？　1950年代，1960年代には，天気予報はデータの不足により制限されており，もしより正確に観測ができて，基本的なプロセスが明確に理解できれば，はるかに高いレベルの天気予報を行うことができるだろうと考えられていました．しかし，1961年にマサチューセッツ工科大学の気象学者エドワード・ローレンツ（Edward Lorenz）は，自然系に対する考え方を根本的に変える1杯のコーヒーを提示しました．この1杯のコーヒーとは，彼が示したローレンツ曲線のかたちを指しています．それがコーヒーカップの中をまわるミルクの形状によく似ていることから，このように例えられています．1960年に，ローレンツは気象に関する最初のコンピュータモデルをつくりましたが，1961年の冬のある日，そのモデルは，さらなる詳細な探究につながる非常に興味深いパターンを示したのです．彼は時間短縮のため計算を途中から始めました．もちろん，初期のコンピュータの一つだったので，すべての初期値を再

入力しなければなりません．初期値を小数点以下第6位（例えば0.506127）まで入力する代わりに，第3位までの数値を入力することで時間と容量を節約したのですが，これが，有名なコーヒーを入れることにつながったのです．気象パターンに関する初めの計算結果と再計算結果は，類似性が見られないほどに異なっていました．そのモデルは，非常に小さな変化に対してとても敏感であり，取るに足らない1000分の1の変化が，結果に巨大な影響を与えたのです．この初期の研究がカオス理論の発展につながりました．カオス理論は，気温・気圧・湿度の微小な変動が，大規模気象パターンに対して，大きく予測不能なカオス的効果を与えてしまうことを示しています．

　それでもなお，カオス理論は，あるシステム内の秩序に完全な欠落があることを意味しているわけではありません．それどころか，気象のあり様について，ある範囲内で予測可能であることを示しています．例えば，米国ではほとんどの竜巻が5月に発生し，イングランドでは冬は湿潤であるということを誰もが知っています．しかし，より詳細な予測になると，「バタフライ効果」として知られる効果によって，すべてが失敗に終わります．この考えは，蝶がはばたくことによってもたらされる小さな変化が，例えばハリケーンの強さや経路を変えるほどの大きな影響を与えるというものです．誤差と不確実性が増すとともに，それらは一連の乱流的な特徴を通じて，ダスト・デビル（乾燥地において発生する，渦巻き状に回転しながら立ち上る突風の一種）やスコールと

いったものから，衛星からしか確認できないような大陸サイズの渦へとスケールを変えていきます．実際には，どの小さな気象変化がこれらの大きな効果と結びついているのかは決してわからないでしょう．ローレンツは気象モデルの中で12の数式を使用しましたが，現代では50万の数式を使用しています．しかし，英国のレディングにあるヨーロッパ中期予報センター（ECMWF）から出される最良の予報でさえ，4日以上先の気象予測はせいぜい推論的であり，1週間を超えれば役に立ちません．すべてがカオスによるものです．

気象を理解し，全般的な変化を予測することはできますが，暴風雨や熱波のような個々の事象を予測することは非常に困難であるということをカオス理論は示しています．しかし，気候研究は平均像のみを研究するので，このようなカオス理論が影響しないという，気象学に勝る一つの大きな利点をもっています．さらに，将来の気候変化を予測するとき，地球の平均気温の上昇が，熱波や豪雨といった大気現象を高頻度にし，強くする一方で，極端な寒波や豪雪といった現象を低頻度にし，弱めることは，すぐに理解できます．

十年規模・準周期的気候システム

気候システムは，気象予測を難しくする多くの周期と振動をもっています．これらには，北大西洋振動（NAO），大西洋数十年規模振動（AMO），北極振動（AO）と太平洋十年規模振動（PDO）があります．これらのうち，最初に見出

されたのは NAO で，英国の物理学者で統計学者でもあるギルバート・ウォーカー卿（Sir Gilbert Walker, 1868〜1958）により，1920年代にはじめて示されました．NAO は北大西洋の気候現象で，アイスランドとアゾレス諸島間の海面気圧差によって表されます．アイスランド低気圧とアゾレス高気圧の気圧差は，北大西洋を横切る偏西風の向きと強さ，および低気圧経路をコントロールしています．このことが，欧州のどこでいつ雨が降るのかを順に変化させています．エルニーニョ/南方振動（ENSO）とは違って，NAO は大気における変化によって主に制御されています．NAO は AO と強く関連し，どちらも10年スケールで変化しているように見えますが，周期性はないようです．しかし，AMO と NAO を混同しないようにする必要があります．

AMO は，北大西洋における海面水温の十年規模変動です．過去130年間において，1885〜1900年，1927〜47年，1951〜61年，1998年〜現在の期間では，北大西洋の海面水温は平均より高く，これらに挟まれる期間では平均よりも低くなっていました．AMO は北半球の広い地域，とくに北米と欧州における気温と降水量に影響を与えます．例えばブラジル北東部やアフリカ・サヘル地域の降水量，北米と欧州の夏の気候などです．AMO は北米の干ばつ頻度の変化とも関係し，大西洋における猛烈なハリケーンの発生頻度に影響している可能性もあります．また，インド洋ダイポール（IOD）や ENSO のような不規則もしくは準周期的変動もあります．これらのうち，次の節で詳しく述べる ENSO は，最もよく

知られている現象です．

エルニーニョ/南方振動

　全球的な気候の中で，最も重要で不思議な現象の一つは，太平洋の海流と風の強さと向きに関する周期的変化です．この現象は通常クリスマスのころに現れることから，もともとはエルニーニョ（スペイン語で「神の子・イエスキリスト」）として知られていますが，たんに ENSO とよばれることも多く，一般に 3～7 年おきに発生し，数か月から 1 年以上続きます．より厳密に言えば，ENSO は"通常"状態，"エルニーニョ"状態，"ラニーニャ"状態という三つの気候状態間の振動です．ENSO は，モンスーンや低気圧分布，世界中の干ばつ頻度の変化に関連してきました．1997～1998 年にかけて長く続いた ENSO イベント（エルニーニョ状態）は，広い範囲に厳しい気候の変化をもたらしました．例えば，東アフリカ，インド北部，ブラジル北東部，オーストラリア，インドネシア，米国南部では干ばつが発生し，カリフォルニア，南米の各地域，太平洋，スリランカ，中央アフリカ東部では豪雨が発生しました．ENSO は，大西洋におけるハリケーンの位置と発生頻度にも関連しています．例えば，ハリケーン・ミッチ（第 4 章）の上陸予測における失敗は，ENSO 状態を考慮しなかったためであると考えられています．当時ミッチは西に移動すると予測されていましたが，実際には強い貿易風のため，米国中部を横切って南へと移動しました．

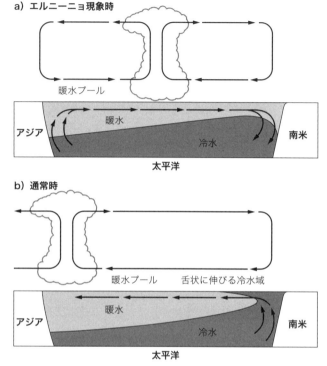

図16 エルニーニョ現象時と通常時の太平洋における大気と海洋の状態

エルニーニョ現象時には，西太平洋の暖かい表層海水が太平洋中部に向かって，東に移動します（図16）．そのため，強い対流域や暖気の上昇域は，南米により近くなります．結果的に，貿易風は非常に弱くなり，太平洋の赤道海流は弱められます．このことが，南米沖合の冷たく栄養塩の豊富な湧昇流を弱め，これによる栄養塩の減少が海洋生物を減らし，

漁獲量を激減させます．この海流の大きな変化と暖気の上昇位置の変化が，ジェット気流の流れを変え，北米やアフリカの各地の天候にも影響を与えます．しかし，エルニーニョ現象が起こる原因は，鶏と卵の関係にあります．太平洋で赤道海流が弱まることによって，暖水プールが東へと拡大し，風系の移動をもたらすのでしょうか？　それとも，風系が弱まることによって海流が弱まり，暖水プールの東方への移動が起こるのでしょうか？　多くの科学者は，南米とオーストラリアの間を時間とともに移動する太平洋の長波が，エルニーニョ現象とラニーニャ現象のどちらかを生じさせる海流の変化をもたらすと考えています．

　ラニーニャ現象は，"通常"状態がより極端になった状態です．通常の状態では，太平洋暖水プールは西太平洋にあり，それを維持する強い偏東風と海流があります．これが南米沖合で栄養塩に富む湧昇流をつくり出し，よい漁場を提供しています．ラニーニャ現象の間，西部太平洋・東部太平洋間の海面水温差は極端になり，偏東風と海流は強まります．世界の天候に対するラニーニャ現象の影響は，エルニーニョ現象の影響よりも予測しにくいものとなっています．エルニーニョ現象の間，太平洋のジェット気流は強まり，低気圧経路はより直線的になるので，その影響を予測するのは，より簡単となります．一方で，ラニーニャ現象はジェット気流を弱め，低気圧経路をより変則的で不規則にします．これが，大気の，とくに低気圧の振る舞いの予測をさらに難しくします．一般に，エルニーニョ現象のときに暖かい場所は

ラニーニャ現象のときに冷涼となり，エルニーニョ現象のときに湿潤な場所はラニーニャ現象のときに乾燥します．ラニーニャ現象は1904，1908，1910，1916，1924，1928，1938，1950，1955，1964，1970，1973，1975，1988，1995，1999，2008，2011年に発生し，最も強いラニーニャ現象の一つが2010～2011年に観測されました．

ENSO 予測

エルニーニョ現象を予測するのは難しいことですが，最近30年の間，気候システムをさらに理解するためのさまざまな努力がなされてきました．例えば，現在，太平洋には大規模な海洋観測と衛星モニタリングシステムのネットワークがあります．これらは，ENSO状態の重要な指標である海面水温の記録を主な目的としています．この気候データを大循環モデルと統計モデル両方に使うことで，エルニーニョ現象やラニーニャ現象の可能性予測が行われます．実際には，まだENSO現象に関する理解と予測能力を発展させる初期段階にあります．

地球温暖化によるENSOへの影響の有無についても，多くの議論があります．エルニーニョ状態は，一般に3～7年おきに発生します．しかし，この20年間にエルニーニョ現象は非常に奇妙な振る舞いをしており，その四つは3年以内に発生しています．1991～1992年，1993～1994年，1994～1995年と，1997～1998年がこれらに当たります．その後の

8年間は発生しないまま,やっと2006～2007年に発生しました.西太平洋のサンゴを用いた古水温の復元から,観測時代以前の150年前からの海面水温変動がわかります.その海面水温変動は,ENSOに伴う海流の変化を示しており,エルニーニョ現象の頻度と強さには二つの主要な変化があったことを示しています.一つめは,20世紀初めにENSOの周期が,10～15年から3～5年に変化したことです.二つめは,1976年に見られる明瞭な境界です.この年を境に,より強いエルニーニョ現象が高頻度で起こるようになりました.さらに,最近数十年の間,エルニーニョ現象の数は増加し,ラニーニャ現象の数は減少してきました.ENSOに対する十年規模変動の影響を考慮しても,観測データに見られるENSO変動の大きさは,最近50年の間に60%増幅してきたようです.

しかし,これまで見てきたように,ENSOが今後100年でさらに極端になるかどうかを評価しようとせずに,現在から6か月間のエルニーニョ現象を予測することはかなり難しいことです.ほとんどのコンピュータモデルで,将来のENSOに関しては結論の出ないままになっています.つまり,ENSOが将来的に増加することを示すモデルもあれば,変化しないことを示すモデルもあります.このことはつまり,地球温暖化がどのような影響をもたらすのかは私たちにはわからない,という気候システムの一面を示すものです.ENSOは世界の気候に直接的な影響を及ぼすだけではなく,ハリケーンや低気圧の発生数,強さ,経路や,アジアモンスーン

の強さとリズムにも影響します．そのため，地球温暖化の潜在的な影響をモデル化するとき，最も大きな不確実性の一つはENSOの変動であり，その全球的気候システムへの波及効果です．

気候モデル

　人間社会全体は，将来の気象を知っています．例えば，インドの農民は次の年のいつモンスーンの雨が降り，いつ作物を植えるべきかわかっています．一方，インドネシアの農民は，モンスーンによって毎年二度雨が降ることを知っており，二度の収穫を行います．これらは，モンスーンが毎年およそ同じ時期にはじまるという，これまでの人々の記憶にある過去の知識に基づいています．しかし，気象予測は生活のあらゆる場面に影響するので，これより重要性が増します．家，道，鉄道，空港，オフィス，車，電車などは，すべてその地域の気候に合わせて設計されています．そのため，地球温暖化がその規則性を変えるといわれる今，将来の気候を予測することは不可欠なのです．これは，ある地域の過去の気象に基づいて将来の気象を語ることが，必ずしもできないことを意味しています．そのため，将来を予測し，モデリングする新しい方法を開発しなければならないのです．そうすれば，将来の生活を考えることができ，社会も十分機能し続けることができます．

　比較的単純なボックスモデルから，かなり複雑な3次元全

球気候モデル（GCM）まであらゆる階層の気候モデルがあります．各モデルには，全球的な気候システムを検討し，理解を深める役割があります．その中で，将来の全球的な気候を予測するために使われるのは，複雑な3次元全球気候モデルです．この総合的な気候モデルは物理法則に基づいており，地球を覆う3次元グリッドの解を求める数式によって表されています．最も現実的なシミュレーションをするためには，気候システムの中の大気システムや海洋システムといった主要なサブシステムが，すべてその系それぞれのモデルの中に表現されていなければなりません．具体的には，大気，海洋，地表面（地形），雪氷圏，生物圏といったサブシステムの中のプロセスと，サブシステムの間で進行するプロセスが含まれます．全球気候モデルのほとんどが，少なくともこれらのサブシステムの表現のいくつかを含んでいます．海洋系と大気系を結合するモデルは，大気-海洋結合大循環モデル（AOGCMs）とよばれます．

最近25年間で，気候モデルはかなり改善されました．これは気候システムに関する知識が深まっただけでなく，コンピュータの処理能力が指数関数的に向上したためです．1990年のIPCC（Intergovemmental Panel on Climate Change：気候変動に関する政府間パネル）第1次評価報告書から2007年の第4次評価報告書までに，モデルの空間解像度は大きく改善されました．第4次報告書でのAOGCMsの空間解像度は110 kmとなりましたが，さらに第5次報告書では87.5 kmとなっています．研究者が"気候シミュレータ"と

よんでいる最先端のモデルは，植生フィードバックを含む炭素循環や大気化学，雲，エアロゾル過程をよりよく表現するものになっています．しかし，モデルにおける最大の不確実性もしくは誤差となるものは，物理的なものではなく，この先90年間の全球的な温室効果ガス排出量の推定にあります．この推定には，世界的な経済，世界的・地域的人口増加，技術開発，エネルギー利用と消費，政治的合意，個人のライフスタイルといった多くの変数が必要となります．

2007年のIPCC報告書では，二酸化炭素排出の将来シナリオのいくつかを使って，20を超える完全に独立したAOGCMsによる計算が行われ，2100年までに起こる可能性がある全球的な平均気温の変化が算出されました．これは七つのモデルしか使われなかった2001年のIPCC報告書からの大きな違いの一つです．可能性のある排出シナリオの範囲の中で，全球の平均地表面気温は2100年までに1.1〜6.4℃までの間で上昇する可能性があることが示されています．可能性が最も高い七つの排出シナリオに関する最適な推定値の範囲は，2100年までに1.8〜4℃となっています．すべての放射強制力が2000年の値に維持された場合でさえ，次の20年間に10年あたり0.1℃の気温上昇があるでしょう．これは，主に海洋の反応が遅いことによるものです．興味深いことに，排出シナリオの違いは2030年までの気温上昇には大きな影響を与えないという，非常に確かな推定がなされています．すべてのモデルは20世紀の気温上昇と比較して，次の20年の気温上昇率が2倍に達することを示唆しています．

全球的な排出量という点において，私たちが今行う選択が2030年以降の地球温暖化に著しい影響を与えるということが重要なのです．2013年後半に出版された次のIPCC報告書では，大幅に改良された排出シナリオが用いられていますが，21世紀末までの温暖化についてはかなり類似した将来変化を示しています．驚くべきことでもあり，非常に安心できることでもありますが，最近25年の間，気候モデルは一貫して同じ答えを私たちに与えています．これは，まさに私たちが気候システムを理解しており，過去と未来の行動の結果を理解できることを意味しています．

第4章
気候における極端な現象

はじめに

　北極の気候からサハラ砂漠の気候に至る極端な気候の中で，人は居住し適応することが可能であり，活動的でさえあります．人は，これまで南極大陸以外のあらゆる大陸に住んできました．私たちは，技術と生活様式の適応を通して，各地の平均的気候に対応しています．しかし，熱波，低気圧，干ばつや洪水によって地域の気候予測限界を超えるときに，問題は生じます．このことは，ある地域で熱波のような異常天候と定義されるものが，別の地域ではかなりふつうの天候であることも意味します．それぞれの社会が適応範囲，つまり天候に対処できる範囲をもっています．例えば，英国で熱波に見えるものは，ケニアではふつうの夏の状態でしょう．しかし，気候システムの中で，最も予測不可能で危険な要素

の一つに低気圧があります．この章では，低気圧が形成される仕組みや理由と，低気圧の影響について，ハリケーン，竜巻，冬季擾乱，モンスーンを取り上げて見ていきます．

ハリケーン

　ハリケーンは，北大西洋，カリブ海，メキシコ湾，メキシコの西岸沖，北東太平洋で発生する発達した熱帯低気圧です（図17）．ハリケーンは，西太平洋では台風とよばれ，インド洋やオーストラレーシアでは，たんにサイクロンとよばれています．しかし，これらはすべてまったく同じ種類の低気圧なので，ここではすべてをハリケーンとよぶことにします．ハリケーンは，北緯30度から南緯30度の間の熱帯で発生しますが，ハリケーンを発生させるほどの大気変動が起こらない赤道近くでは見られません．ハリケーンとして分類される低気圧は，風が継続的に時速120 km以上でなければなりません．言うまでもなく，十分に発達したハリケーンでは，風速が時速200 kmを超えることもあります．

　ハリケーンは猛烈な熱帯低気圧です．それは回転する雷雨の塊で，高度に組織化された円形の渦になっており，上空には強風の帯からの大気の吹き出しが見られます．ハリケーンは海上で発達し，いったん上陸すると勢力が衰える傾向にあります．これは，ハリケーンが，温帯低気圧とは異なり，水蒸気の凝結に伴う潜熱によって発達するためです．太陽光は赤道近くで最も強く，そこで陸地を加熱し，次に陸地が大気

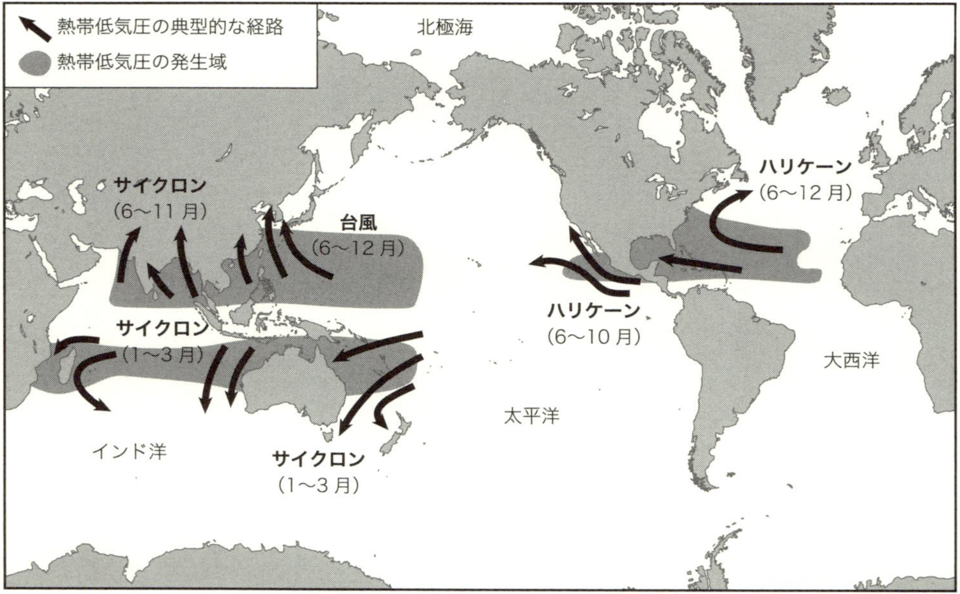

図17 主な熱帯低気圧の発生域と経路

第4章 気候における極端な現象

を暖めます．この暖かい気流が上昇し，結果として両半球から空気を吸い込み，貿易風をつくります．季節が変わると，熱帯収束帯（ITCZ）とよばれる貿易風の収束位置が変化します．ハリケーンの発生には，少なくとも水深60 mまでの海水温が26°C以上であり，湿度は約75〜80%に達している必要があります．いったん熱帯低気圧が形成されはじめると，この組合せにより，熱帯低気圧の維持に適した熱と水蒸気量が供給されます．例えば，熱帯北大西洋でこれらの条件が整うのは，海水が十分に暖まり，蒸発しはじめる北半球の夏です．最初に暖かい海洋がその上の大気を加熱し，上昇気流をつくります．これにより，周辺の大気は収束し，低圧域をつくります．この上昇気流は，暖かい海面からの活発な蒸発による多量の水蒸気を含んでいます．大気は上昇するにつれ冷たくなり，多量の水蒸気が保持できなくなります．結果として，その一部は凝結して水滴をつくり，雲を形成します．水蒸気から水滴へのこの変化は，"潜熱"とよばれるエネルギーを放出します．このことがさらに大気を暖め，大気をより高く上昇させます．このフィードバックにより，ハリケーン内の大気は，海上から1万 m上空にまで上昇します．これが低気圧の眼（台風の眼）となり，そこでのらせん状の上昇気流が巨大な積乱雲を形成します．ヤカンから吹き出る湯気にこの縮小版を見ることができます．ヤカンから熱い空気が出て，より冷たい空気に触れると，湯気となります．これはちっぽけな雲です．もしその湯気の近くに手を近づけると非常に熱く感じますが，これは，水蒸気が気体から液体へと変化するときに放出されるエネルギー（潜熱）のためです．

ハリケーン内部の上昇気流が最高高度に達すると，空気は台風の眼から外側へと流れ，幅広い巻雲の"かなとこ雲"をつくります．その空気が冷え海面にまで下降すると，ハリケーンの中心にふたたび吸い込まれます．コリオリの効果のため，北半球では，ハリケーン下層での空気は反時計回りに吸い込まれ，上層での空気は時計回りに吹き出ています．このパターンは南半球では反対になります．ハリケーンは少なくとも赤道からおよそ 550 km，もしくは緯度にして 5 度離れたところに形成されます．そこでは，ハリケーンが渦を巻くために必要な十分に強いコリオリの効果が働きます．ハリケーンの大きさは直径 100 km～1500 km を超えるものまであります．数日かけて徐々に形成されるものがある一方，6～12 時間の間に形成されるものもあります．一般には，ハリケーン期は 2～3 日続き，約 4～5 日で消滅します．熱帯低気圧は 1 日あたり 50～200 エクサジュール（10^{18} J）の熱エネルギーを放出し，それは約 1 ペタワット（10^{15} W）に等しいと，科学者は見積もっています．このエネルギー放出率は，全世界で消費されるエネルギーの 70 倍，世界の発電能力の 200 倍，10 メガトンの核爆弾を 20 分おきに爆発させるのに等しいものです．ハリケーンはサファ・シンプソン・スケールで区分され，カテゴリー 1 の比較的弱いものから，最も勢力の強いカテゴリー 5 まであります．このスケールは，日本と同様に被害の強さを知らせるために用いられます．

　しかし，ハリケーンの発生条件が整うことよりも，ハリケーンにまで発達することのほうがまれです．熱帯海洋上で

中心気圧が低下するもののうち，わずか10％だけが十分に発達したハリケーンへと成長します．ハリケーンの発生率が高い年には，最大で50個の熱帯低気圧がハリケーンレベルにまで発達するとされています．ハリケーンによる災害の規模を予測することは，ハリケーンの数が問題となるわけではないので難しいことです．つまり，それはハリケーンが上陸するかどうかによるからです（図18）．例えば，1992年は北大西洋のハリケーンが非常に少ない年でした．しかし，8月

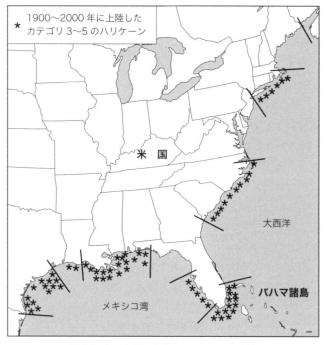

図18 100年間のおもなハリケーンの上陸

には数少ないハリケーンのうちの一つ,ハリケーン・アンドリューが米国のマイアミ南部を直撃し,推定260億ドルの被害を引き起こしました.ハリケーン・アンドリューは,ハリケーンが直撃する場所を予測することも同様に重要であるということを示しています.例えば,もしハリケーンがさらに約32 km北にあるマイアミの人口密集地域を直撃していたら,被害額は倍になったと考えられるからです.

　ハリケーンが先進国を襲った場合,おもな被害はたいてい経済的な損失である一方,発展途上国に襲来した場合には,多くの命が失われることになります.例えば,2005年にニューオーリンズを襲ったハリケーン・カトリーナでは,1836人の死者が出ましたが,1998年に中米を襲ったハリケーン・ミッチでは,少なくとも2万5000人の死者が出て,200万人が家を失いました.どちらの場合にも,最大の被害は豪雨によるものでした.ホンジュラス,ニカラグア,エルサルバドル,グァテマラでは,連日,時速290 kmの風が吹き荒れ,600 mm以上の降水がありました.人口わずか600万人のホンジュラスでの被害は最悪でした.ハムヤ川は,通常,川幅約60 mの穏やかな流れをもつ川ですが,その水位は9 mまで上昇し,家の高さほどの木々を根こそぎ押し流す激流となりました.最終的には,ホンジュラスの国土の85%が浸水しました.100以上の橋,道路の80%以上,バナナ・プランテーションのほとんどを含む農業の75%以上が被害に遭いました.

ニューオーリンズでは，ハリケーン・カトリーナによる激しい雨と高潮の両方によって甚大な被害が引き起こされました．これら二つが原因で，53の堤防が決壊し，都市の80%が浸水しました．高潮は，ミシシッピ州とアラバマ州の海岸地域も壊滅させました．しかし，ハリケーン・カトリーナは，米国に直撃した最も強いハリケーンではありません．1926年にマイアミを直撃したハリケーンは，カトリーナより50%も大きいものでした．それでも，マイアミビーチがまだ開発されていなかったので，被害は大きくありませんでした．米国では，沿岸人口が最近10〜15年の間に倍となり，被害に結びつくハリケーンに対してはるかに脆弱になっています．ハリケーンが先進国と発展途上国のどちらに上陸するかで，財政的には大きな違いがあります．例えば，ハリケーン・カトリーナ直後の経済への影響は800億ドル以上でしたが，その後の米国での経済効果は，わずかですが1%上昇しました．それは，被害地域への復興支援のために，ブッシュ政権が数十億ドルの支出を行ったからです．これと1998年のハリケーン・ミッチを比較すると，ハリケーン・ミッチの場合には，中米の経済を約10年前にまで引き戻すものでした．

　ハリケーンは世界のほかの場所でも発生します．毎年，平均31個の台風が西部北太平洋で発生し，その中には6〜12月に東南アジアを直撃する強い台風が含まれています．最も危険にさらされているのは，インドネシア，香港，中国，日本で，別名"台風横丁"として知られています．なぜ台風横

丁にはこれほど多くの台風がやってくるのでしょうか？ そして、なぜ台風は1年を通して発生するのでしょうか？ その答えは、海洋にあります．重要なのは、西部熱帯太平洋にある"暖水プール"なのです．ここでは、熱帯の太陽によって暖められた表層水が、貿易風と海流によって、1年中北太平洋西部に押しやられています．世界のほかの地域ではハリケーン季節は行き来しますが、"暖水プール"では、海水がつねにハリケーンの発生に十分なほど暖かくなっています（図17）．ただし、最も一般的なハリケーンの季節は6〜12月にあります．

竜 巻

　竜巻は自然界の最も凶暴な嵐です．大気中の現象の中で、これ以上に破壊的なものはありません．竜巻は動くものすべてを吹き飛ばし、建物を基礎から持ち上げ、瓦礫が飛ぶほどの凶暴な渦巻き雲をつくります．純粋な風の力やミサイルのように飛んでくる、飛ばされた瓦礫だけでなく、予測不可能なせん断力のため、竜巻はたいへん危険なものなのです．竜巻の強さと破壊力は藤田スケールで表されます．竜巻は観測が困難であることから、藤田スケールは被害の状況を踏まえて強さを認定しています．

　竜巻は猛烈に回転する空気柱であり、少し離れて観察すると、アイスクリームコーン型の雲形に見えます．竜巻と類似した性質をもつほかの風には、つむじ風、ダスト・デビル、

水上竜巻（水上に発生する竜巻）があります．竜巻は米国中部・東部・北東部で最も多く，しかも破壊的なものが発生し，毎年5月には平均して1日あたり5個報告されます．オーストラリア（1年あたり15個発生），グレートブリテン島，イタリア，日本，東インド，中央アジアでも一般的に見られます．米国では，竜巻により最も多くの死者が出ていますが，それを上回る致命的な竜巻はバングラデシュと東インドの狭い地域に発生してきました．これまで100人以上の死者を出した42個の竜巻のうち，この2万1000 km^{2}の地域で，24個が発生しています．これは，早期警戒システムの欠如だけでなく，高い人口密度と経済的貧困による可能性があります．

竜巻はミニチュアのハリケーンとして見ることができます．竜巻は熱帯海洋上でも見られますが，多くは陸上で見られます．地表近くに暖かく湿った空気があり，上空に寒冷で乾燥した空気があるときに，竜巻の形成が促されます．米国のグレートプレーンズでは，このような状態が晩春から初夏に頻繁に生じます（図19）．太陽による地表面の強い加熱は，暖かく湿った空気を上昇させます．空気は上昇して冷たくなり，巨大な積乱雲を形成します．上昇気流の強さは，竜巻となるものの下層に周囲の空気がどの程度吸い込まれるのかによって決まります．竜巻を猛烈に回転させるためには二つのことが重要となります．一つはコリオリの効果で，もう一つはこの嵐の上空を流れる上層ジェット気流の存在です．これらが竜巻により強い回転を与えます．激しい雷雨とハリケーンの

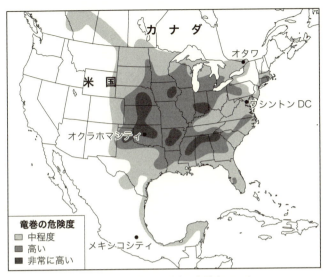

図19 米国における竜巻の危険度マップ

もとで,この条件がそろうと,竜巻は容易に発生します.

　米国での竜巻のほぼ90％は南西から北東へと動きますが,いくつかの竜巻はジグザグに経路を急に変えながら動きます.弱い竜巻や弱まりつつある竜巻は,細い紐状の様相を呈します.最も猛烈な竜巻は,暗く幅広い"ろうと状"のかたちをしており,それは,大きく激しい雷雨の中の黒い壁雲から伸びています.実際には,ある場所に停止して空中にとどまっている竜巻や,時速約8 kmでのろのろと動く竜巻の報告さえあります.それに対して,時速約110 km以上を記録する竜巻もあります.しかし,竜巻は平均して時速約55 km

第4章　気候における極端な現象　　67

で移動します．ほとんどの竜巻が午後3時から午後9時の間に発生しますが，昼夜どの時間でも発生することがわかっています．たいていの場合，竜巻はどこか一つの場所に数秒間とどまりながら，およそ15分で消滅しますが，どの特徴にも当てはまらない竜巻もあります．例えば，1925年3月18日に発生した，ある竜巻は，3時間半の間に，ミズーリ州，イリノイ州，インディアナ州を通りながら約350 kmを移動し，695人の死者を出しました．

竜巻横丁

　竜巻横丁は，米国のほとんどの竜巻が発生する地域のニックネームです．春から夏にかけて太陽の光がより暖かくなり，メキシコ湾からの暖湿気流がさらに北方に広がると，竜巻横丁は拡大します．竜巻横丁の中心地はテキサス州の中部，オクラホマ州，カンザス州を含む地域ですが，竜巻の季節が終わるまでに，中心地はネブラスカ州，アイオワ州に向かって北へ広がります．時間とともに，中心地は拡大縮小しますが，竜巻横丁は一つしかありません．世界のほかのどこにも，竜巻を発生させるのにこれほど完璧な組合せの気象条件はないように見えます．この中心地が特別な地域である主要な理由に，① 春のはじめから夏を通じて，メキシコ湾からグレートプレーンズへ向かう南～南東の下層風が，熱帯の暖かい水蒸気を豊富にもたらすこと，② 上空約900 mに，ロッキー山脈東斜面やメキシコ北部の砂漠から流れ出る非常に乾燥した別の気流があること，③ 高度約3000 mに，強い

ジェット気流を伴う偏西風が吹走し,それが太平洋から冷たい空気を運び大きな気温差をもたらし,竜巻と回転をつくり出すことが挙げられます.

2011年に,米国の竜巻横丁で報告された竜巻は1897個でした.これは,2004年に記録された1817個を上回るものです.2011年は,世界中で少なくとも577人が竜巻により命を落としたという意味で,例外的に破壊的・致命的な年でもありました.このうち,米国での死者は推定553人で,その前の10年間の米国での竜巻による合計死者数564人に匹敵します.その年は,1年間の竜巻による死者が米国史上2番目に多い年でした.しかし,これは1989年4月26日にバングラデシュで発生し,最も記録的・致命的であった竜巻被害とは比べものになりません.このときは1300人の死者を出し,1万2000人が負傷して,ダウラットプールからサルトゥリアにかけて数本の木々以外のすべてが破壊されました.

冬季擾乱

中緯度で暮らす人々にとって,天気はかなり頻繁に話題となります.それは,天気が常に変化しているからです.英国では,「その天気が嫌なら,1時間待ちなさい.そうすれば天気は変わります」ということわざがあります.これは中緯度では,南方へ移動する寒冷な寒帯気団と,北方へ移動する温暖な亜熱帯気団がぶつかり,気候が左右されているからで

す．この気団の衝突は寒帯前線で起こっています．

　寒帯前線は，季節とともに南北に移動します．亜熱帯の空気がより暖まる夏に，寒帯前線はより極へと移動し，より寒冷な状態となる冬の間，寒帯気団が強まり赤道方向へと移動します．これらの二つの気団が出合うところで，雨が降ります．温暖な空気はよりたくさんの水蒸気を含むことができるので，冷たい空気にぶつかると，この水蒸気が凝結して雲をつくり，雨となるからです．しかし，寒帯前線の形状や，それによる天気を支配しているのは上層大気です．上層大気は，地球の周りを吹走する非常に風速の大きな"ジェット気流"によって特徴づけられます．これらの強いジェット気流が，地球を取り巻く寒帯前線を押し流し，それにより前線が波打ち，地球の周囲をだんだんと移動する，いわゆるプラネタリー波とよばれるものになります．この波が天気に大きな影響を及ぼし，誰もが不平をいう原因となる，とても変わりやすい天気や雨天をもたらします．一つの波は，およそ24時間で通過します．はじめに，相対的に寒冷で晴天の状態があるとしましょう．温暖前線が通過すると，より暖かくなり，たいていは小雨や霧雨などの雨が降りはじめます．温暖な気団の中心が通過すると，曇って蒸し暑くなり，雨は止みます．次に，二つ目の前線である寒冷前線が通過すると，気温が下がり，非常に激しい雨が短時間に降ります．そして，次の波が来るまで，寒冷で晴天の状態に戻ります．

　ハドレー循環の項でも述べたように，個々の地域の大気循

環に関連した多くの低気圧があります．氷や風，雹(ひょう)，雪などに関連した嵐は，寒帯前線や高山地域に対応して起こっており，冬季に強さを増します．このような低気圧は，北半球において北米や欧州，アジア，日本でよく見られます．

　雪が地上に達するには，雲底と地上の間の気温が4℃以下でなければなりません．そうでないと，雪は空中をただよう間に溶けてしまいます．雹ができるためには，低気圧の上空はかなり冷たくなければなりません．上空では，水滴が0℃未満の過冷却状態となっていて，それが空気中で衝突すると，氷の粒や雹の粒をつくります．雹の断面を見ると，玉ねぎのように成長した氷の層を見ることができるでしょう．雹の大きさは2 mmから20 cmまであります．大きさは，上昇気流の強さによって異なります．上昇気流は，雹が落下するまでの大気中での滞留時間を決めるからです．最悪の嵐はブリザードとよばれています．これは，雪や氷，雹を伴う暴風で，少なくとも気温は−12℃まで下がり，視程は150 m未満となります（コラム3参照）．

モンスーン

　モンスーン地域は，広域的に暴風雨がもたらされるもう一つの重要な地域です．モンスーンという名前は，アラビア語で季節を意味する"マウシム（mausim）"に由来しています．それは，東南アジアではほとんどの雨が夏の間に降るからです．熱帯では，太陽が頭上にあるので，太陽エネルギー

コラム3 風邪

あなたが風邪に対する抵抗をなくしたことに気づくのは，多くの場合ほかの誰かです．ですから，友人たちに寒さによる症状があるか，つねに気を配るべきです．風邪が悪化しはじめたとき，当人自身が最良の判断を下せるわけではありません．少し休めば大丈夫だと考えることでしょう．気をつける兆候は，次のとおりです．

- 震えが止まらない．
- 手がまごつく．
- 話し方が遅くなり，ろれつが回らず，しどろもどろになる．
- 歩くときに，つまずいたりよろめいたりする．
- 野外にいるときに，眠気と疲労感に苛まれ，横にさえなる必要を感じる．
- 休んでも起きられない．

このような人は，乾いた服を着て，暖かいベッドに入る必要があります．これは，深部体温が下がりはじめ，身体にとってきわめて危険な状態にあるからです．もし深部体温の低下が止まらないようなら，死に至るでしょう．そのような人には，湯たんぽやあんか，温かいタオルが必要です．また，温かい飲み物も必要です．アルコールやカフェイン入りの飲み物は止めましょう．これらの飲み物は心拍数を上げ，熱をさらに失わせます．さらには，脱水症状を起こし，回復を遅らせます．また，マッサージをしたり，さすったりしてはいけません．最も熱が必要とされる身体の芯から，熱を奪うことになるからです．医者にも早く診てもらわなければなりません．

が最も強くなります．このことが陸と海を加熱し，その上の空気を暖めます．この暖かく湿潤な空気が上昇し，下層では低気圧領域となり，周辺から空気を吸い込みます（図20）．この吸い込みが，より緯度の高い地域からこの地域に向かって吹く，貿易風をもたらします．ITCZとして知られるこの領域に向かって，貿易風が南北両半球から吹いてきます．ITCZで空気は上昇し，巨大な積乱雲を形成して，大量の雨をもたらします．最も強い太陽光の位置は，赤道を横切って南北に移動するので，ITCZも季節とともに南北に移動します．ITCZの位置は，大陸の配置によっても強く影響を受け

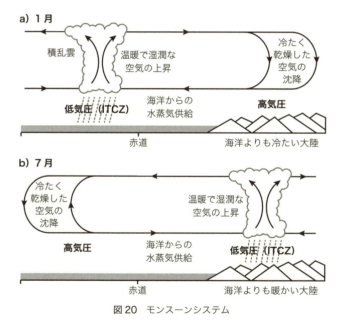

図20 モンスーンシステム

第4章 気候における極端な現象　　73

ます．これは，陸地が海洋よりも，より早くより広範囲に暖まり，こうした季節の間，ITCZ をさらに北もしくは南へと引き寄せることができるからです．この一例として，夏にヒマラヤ山脈周辺とインドの低地が加熱されることによって起こる，アジア夏季モンスーンがあります．この現象は，赤道を横切る ITCZ をアジア大陸上に引き寄せています．南半球の風は暖かいインド洋を横断して引き寄せられるので，温暖で十分に湿潤です．そして，この風はインド上で強制的に上昇させられて冷やされ，非常に強い雨をもたらし，東南アジア全域とはるか北の日本にまで影響を及ぼします．北半球冬季の間，ITCZ は赤道の南へと移動します．このとき，北太平洋からの温暖で湿潤な空気が東南アジア島嶼部を横切って南半球へと南方に引き込まれています．このことは，インドネシアや中国南端のようないくつかの地域で，モンスーンによる雨季が1年に二度あることを意味します．つまり，北方から一度，南方から一度あります．世界の人口の5分の2以上を支える，地球上で最も豊かな場所が，この地にあることも驚くことではありません．しかし，モンスーンは命を育むものである一方で，その雨はとくに洪水というかたちで甚大な災害を引き起こします．バングラデシュと中国で 1998 年に起こった甚大な洪水がその例です．この洪水は 300 億ドル以上の損害を招き，何千もの人々の命を奪いました．

アマゾンモンスーン

　南半球の夏季の間，南米大陸が加熱されます．この上昇気

流が，周辺の空気を吸い込むことによって地上に低圧域をつくります．このことが，熱帯にある収束帯を南半球側のブラジルへと引き寄せます．北方から赤道を横切って吹き込む風は，暖かい熱帯大西洋起源なので，ITCZ の南方への移動は多量の降水をもたらすことになります．これがアマゾンモンスーンであり，世界で最も壮大な河川と広大な熱帯雨林を維持しています．アマゾン盆地には，驚くほど広大な約 700 万 km^2 もの熱帯雨林が広がっています．アマゾン川は，海洋に注ぐすべての淡水のうちの 20 % を供給しています．モンスーンの降水がなければ，世界で最も生物多様性のある地域は存在しないでしょう．

アジアモンスーン地域での暮らし

バングラデシュは，国土の 4 分の 3 以上がガンジス川，ブラマプトラ川，メガラヤ川による堆積物でできたデルタ地域なので，文字どおりモンスーンによってつくられた国，つまり夏季モンスーンによってすべてが培われている国です．国土の半分以上は海抜 5 m 未満であるため，洪水は日常的に起こります．通常の夏季モンスーンの間，国土の 4 分の 1 が冠水します．それでも，ナイル川の洪水のように，これらの洪水もまた破壊と同時に暮らしへの恩恵をもたらしています．水を提供するとともに，含まれるシルト（細かい土）が土地を肥沃にします．14 万 km^2 に 1 億 1000 万人以上の人々が暮らす，世界で最も人口密度が高い地域を，肥沃なベンガルデルタが支えています．しかし，時に，モンスーンによる洪水はバングラデシュが適応できる範囲を超えることがあり

ます．1998年には，国土の4分の3が2か月間冠水し，推定数十億ポンドの損害を引き起こし，数千人が命を落としました．バングラデシュは熱帯低気圧にも適応してきました．熱帯低気圧による被害が最も大きかった3年を挙げると，劇的に死者が減少していることがわかります．サイクロンに関連した死者は1970年には30万人でしたが，1991年には13万8000人，2007年には3500人にまで減少しました．これは，熱帯低気圧の勢力が弱くなってきたからではありません．すぐれた政府によるものです．第一に，バングラデシュ政府は，いつどこにサイクロンが上陸するかという予測を正確に行うために，すぐれた気象機関をつくりました．第二に，バングラデシュ政府は，いったんサイクロン警報が発令されたら，影響を受けるすべての町や村にそのメッセージが届くようにするために，サイクリスト（自転車乗り）を使った通信網を整備しました．政府はサイクロン・シェルター，水と汚物の処理施設も建設し，熱帯低気圧に耐えられる浮稲農業を推進しました．これらの比較的容易な対応が，結果として何十万もの命を救っています．

第5章
テクトニクスと気候

はじめに

　第1章および第2章では，どのように地球が太陽エネルギーを受け取り，それが全球的に再配分されるかということについて，気候がどのように機能するか見てきました．これらの側面は，プレートテクトニクス（地球表面の固い岩盤（プレート）が地球内部で対流するマントルによって移動するという学説，P.182参照）に強く影響されています．それが，1億年前，地球が現在より温暖湿潤であり，南極大陸にも恐竜が生息していた理由です．現気候システムは，何百万年ものプレートテクトニクスの産物であり，多量の氷が両極に存在するといった独特の事象を生み出してきました．このことで，極-赤道間の温度勾配が非常に大きくなり，きわめて動的で活発な気候システムをつくっています．テクトニク

スは，気候に対する二つの主要な効果をもっています．一つめは，直接的な効果です．それには，大気循環や水循環，もしくは大洋間のつながり（海洋ゲートウェイ）を変化させる山地や大地の隆起があります．海洋ゲートウェイは，海洋循環の仕方を変化させます．二つめは，プレートの沈み込みや火山活動，化学的風化によるガスの消費を通して大気組成に影響を与える間接的効果です．本書の一貫したテーマの一つは，気候学が複雑なものではないという考え方です．これは，気候に対するテクトニクスの効果にも当てはまります．この章では，地球にある大陸プレートをたんに動かすと何が起こるのか考察し，水平方向のテクトニクスの影響を分析します．次に，山地や台地がつくられると何が生じるのか考察し，鉛直方向のテクトニクスの影響を分析します．最後に，気候に対する火山と超巨大火山（スーパーボルケーノ）の効果を見ていきます．

水平方向のテクトニクス

緯度帯型大陸分布

　大陸の南北位置は，極-赤道間の温度勾配に重大な影響を及ぼします．地質学者たちは，この影響を確認するために単純な気候モデルを使ってきました（図 21）．もし赤道に沿ってすべての大陸を置く，いわゆる"熱帯環状陸域世界"なら，極-赤道間の温度勾配は約 30°C と現在より小さくなります（図 21）．その理由は，極域で凍らない海洋が広がるからです．これは，大気と海洋の両方の性質によるものです．気

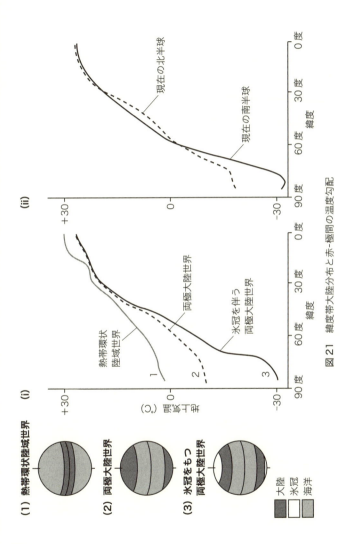

図21 緯度帯大陸分布と赤-極間の温度勾配

第5章 テクトニクスと気候　79

候の基本原則は，暖かい空気が上昇し，冷たい空気が下降することにあります．極は寒冷であり，空気は下降します．空気が下降して地面に達すると，それは極から外側に押し出されます．一方，極において海水は凍結し海氷をつくりますが，この海氷は，この風によって氷が解けるようなより暖かい海水のほうへと吹き流されます．このような働きがつり合い，極の気温が0°C未満となるのを防いでいます．しかし，極や極周辺に陸地があると，すぐに永久氷が形成されます．極に南極大陸のような氷で覆われた大陸を置くと，極-赤道間の温度勾配は65°Cを超えるものとなります（図21）．それが，まさに現在の状態です．一方，北極には大陸がなく，大陸が極を取り囲んでいます．つまり，南極大陸のような巨大な氷床の代わりに，グリーンランド上により小さな氷床があり，周囲の大陸が北極海の海氷すべてを取り囲むフェンスのような役割を果たしています．このような状態により，北半球の極-赤道間の温度勾配は約50°Cとなっており，それは氷冠を伴う両極大陸世界と熱帯環状陸域世界が示す極端な値の中間にあります．極-赤道間の温度勾配の大きさは，気候の基本的駆動力です．なぜなら，主要な輸送システムである海洋-大気大循環が，赤道から極へ熱を輸送しているからです．つまり，この温度勾配が地球の気候の状態を決めています．寒冷な地球は，極-赤道間の温度勾配が最も大きく，そのため非常に動的な気候となります．私たちが強い冬季擾乱やハリケーンを経験するのはこの理由からです．つまり，気候システムが，暖かい熱帯から寒冷な極に向かって熱を輸送しようとしているのです．

経度帯型大陸分布

　第2章では，海洋循環の基礎を述べました．海洋の分布は，海洋循環の重要な側面の一つに挙げられます．海洋循環を妨げるような大陸がなければ，海水は地球上を循環し続けるでしょう．しかし，海流が大陸にぶつかると，北や南に流れの向きが変わります．現在の大陸分布には，三つの主要な経度帯型大陸分布が見られます．① 南米〜北米，② 欧州〜南部アフリカ，③ 北東アジア〜オーストラレーシアです（図22a）．これらの大陸は，1億年前にも区別できますが，その位置は現在と比べ若干異なっています（図22b）．これには二つの大きな特徴があり，その一つは，テチス海峡と中米深海峡を通じて熱帯全域を横切る海洋があったことです．二つ目には，南極大陸の周りを循環する海洋がなかったことです．これらの変化は，表層海洋循環に大きな影響を与え，さらに深層水循環と世界の気候に影響を及ぼします．海洋循環に対する海洋ゲートウェイの効果を理解する三つの主要な概念的世界が考えられています．一つめが，経度帯大陸で海洋を二分する単純な世界です（図23a）．熱帯域と極域の地上風により駆動される海流は，西へと流される一方，中緯度の海流は東に流れます．このことが，両半球で典型的な二つの環流を生じさせています．現在，北太平洋と北大西洋では，このタイプの循環が見られます．二つめは，一つめの世界に低緯度の海路をつけ加えた世界です．この場合，巨大な熱帯海洋に絶えず西へ周回する循環がつくられます．この際，それぞれの半球には二つのより小さな環流が存在します（図23b）．これは，白亜紀の間に見られた循環で，両半球にあ

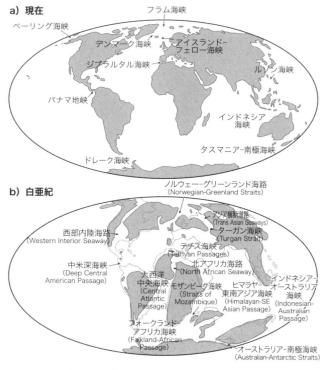

図22 現在と白亜紀の海洋ゲートウェイ分布

る二つの環流が太平洋に生じていました．三つめは，一つめの世界に高緯度の海路をつけ加えた世界です．この場合は，それぞれの半球に強い周極海流と一つの熱帯環流がつくられます（図23c）．現在，南半球では，南極大陸周辺で強い周極海流があり，この世界に類似しています．南氷洋は，巨大な海洋冷却機のように働き，南極大陸の巨大な氷の形成に関

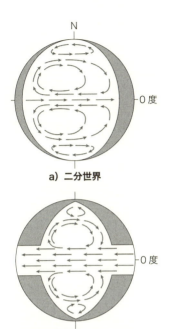

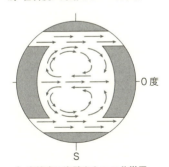

a) 二分世界

b) 低緯度に海路をもつ二分世界

c) 高緯度に海路をもつ二分世界

図23 緯度帯型大陸分布と海洋循環

与しました．

深層水循環

　深層水循環は，両半球の表層海流循環とその分布に影響を与えるので，考慮すべき重要な事項です．海洋ゲートウェイの有無は，深層水循環に大きな影響を与えます．例えば，現在の北大西洋深層水（NADW）は，温暖な欧州の気候を維持しているメキシコ湾流を北に押し上げていますが，これはわずか400万年前にできたものです．ドレーク海峡とパナマ・ゲートウェイの有無を条件として海洋循環のシミュレーションを行うと，現在の組合せによってのみ顕著なNADWが形成されます．つまり，現在の深層水循環は，今から約2500万年前にできたドレーク海峡と約400万年前に生じたパナマ・ゲートウェイの閉鎖によって起こっています（図24）．NADWは，塩分濃度によって生じています．北大西洋地域での大きな蒸発効果のため，北大西洋は太平洋よりも塩分濃度が高くなっています．NADWは，現在カリブ海からの暖かく塩分濃度の高い水が大西洋を通過し，冷やされ，形成されています．高い塩分濃度と冷たい水温は，ともに水の密度を増加させる役割を果たし，そのため海水はアイスランドの北方で沈み込みます．パナマ・ゲートウェイが形成されているときには，淡水に近い太平洋の海水が北大西洋に流れ，全体の塩分濃度を低下させていました．そのため，表面海水が冷やされているときでさえ，沈み込むのに十分な密度ではなく，NADWは今日と同様には形成されなかったのです．最新の気候システムの基本要素の一つである南極底層水

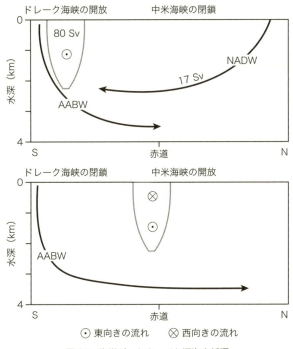

図24 海洋ゲートウェイと深海水循環
AABW：南極底層水　　NADW：北大西洋深層水

(AABW) と北大西洋深層水間の競合は，最近生じた特徴であることがわかっています．

鉛直方向のテクトニクス

プレートは地球表面を移動するので，しばしばたがいにぶつかり合い，そのとき陸地は隆起します．場合によっては，

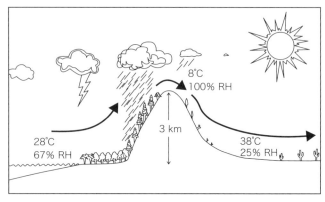

図25　山地の雨陰効果
RH＝相対湿度

山脈が形成されたり，全領域が隆起するときには高原が形成されたりします．これらは気候システムに大きな影響を与えます．その一つに雨陰効果があり，これは山の風下側に乾燥域をつくります．通常，これに対応して風上側には降水量が増加する地域があります．地上の空気が山や高原に向かって移動すると，通常は相対的に温暖湿潤になります（図25）．空気が山にぶつかると強制的に上昇させられ，山を越えていきます．高度の上昇とともに大気圧は減少するので，空気は膨張し，そのため冷やされます．冷たい空気は，暖かい空気よりも水蒸気を保持することができないので，相対湿度は100％に達するまで急速に上昇し強い雨が降ります．また，空気が山の反対側を下降するときには，大気圧と気温が上昇します．そして，空気中には水蒸気があまり残されていないため相対湿度がとても低くなり，風下側には雨を降らせるだ

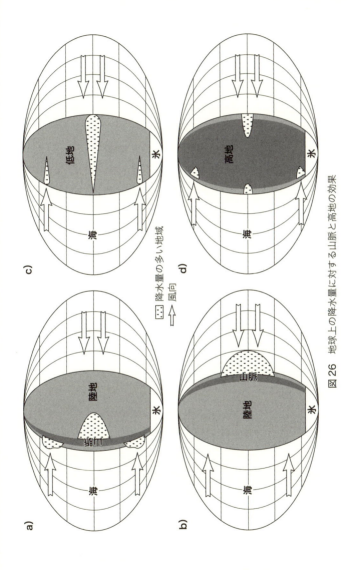

図26 地球上の降水量に対する山脈と高地の効果

けの水蒸気が残されていないので雨陰をつくります．これが砂漠の形成を促す理由です．この単純なプロセスが，大陸全体の湿潤度や乾燥度を制御しています．図26は，大陸の東西における山脈の有無によって生じる影響を示しています．第2章で見たように，世界には，熱帯と両半球の中緯度に三つの主要な降水帯があります．熱帯の空気は東から西に動きますが，中緯度の空気は西から東へと移動します．そのため，西側にある山脈は陸地により多くの降水をもたらし，全体的により湿潤な大陸をつくり出します．現在，偶然にも，北米のロッキー山脈と南米のアンデス山脈は，西岸に沿って南北に連なっています．これらの山脈は明瞭な湿潤地域をつくるだけでなく，チリのアタカマ砂漠や米国のデスバレーのような有名な砂漠もつくり出しています．また，これらの砂漠は地球で最も乾燥した砂漠です．隆起が生じて高地がつくられると，湿潤地域と乾燥地域の間のコントラストがさらに明瞭になります．図26は，雨陰効果によりどのようにして高地に少雨域がつくられるのかも示しています．

大気の障壁

　巨大な山脈や高原が高く押し上げられると，大気循環を妨げます．それらは空気を上昇させ越流させるだけでなく，多くの場合，周辺の天気系に影響を与えます．標高の高い場所では，周辺の低地よりも夏に加熱が進み，冬には冷却が進むので，この影響は倍増されます．図27では，北半球の全大陸が平坦であるとき，主要な大気循環が大陸と海洋の間であまり変化がなく，ほぼ円形になることを示しています．しかし，

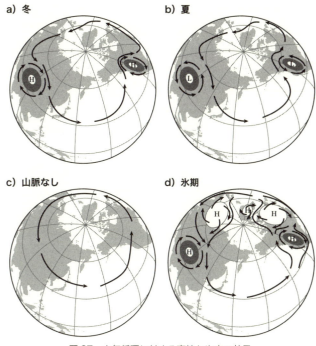

図27 大気循環に対する高地と氷床の効果
H：高気圧　L：低気圧

現在の二つの山塊，具体的にはチベット-ヒマラヤ山塊とシエラ-コロラド高地を現在の場所に置くと，この循環に大きな変化が生じます．両方の山塊は大規模なものです．チベット山塊は世界の中で最も高く，250万 km² の広大な面積をもちます．その面積はフランスの約4倍に達します．一方，コロラド山塊は 33万7000 km² の面積を有し，ほかの多くの山塊とつながり，シエラ-コロラド高地帯を構成しています．

第5章　テクトニクスと気候

北半球の夏季には，これらの二つの主要山塊が周囲の地域よりも加熱され，上空の空気は低圧域を形成します．このことが周囲の空気を収束させ，低気圧性循環をつくり，さらに遠く離れた南北の気象に影響を与えます．北半球の冬季には，これらの山塊の周辺部は冷やされ高気圧となり，空気が発散する高気圧性循環をつくります．そして，北極気団を北へ押し上げ，アジア大陸と北米大陸中部をほかの地域よりも暖かくしています．大きな氷床がグリーンランドや北米，欧州に存在すると，大気循環はさらに複雑になります．氷床はつねに寒冷なので，そこに定常的な高気圧システムが形成され，空気が発散しています．このことについては，第7章で述べます．チベット-ヒマラヤ山塊を取り巻く夏季の低気圧性循環も南西モンスーンシステムを形成します．ヒマラヤ山脈へ流れる空気の一部はインド洋から来るので，多くの水蒸気がもたらされます．これによる降水は，世界の5分の2に当たる人々の生活を支えています．

火山噴火

　プレートテクトニクスは，火山の形成を制御しています．火山は大気中にガスやダストを放出することを通して気候に重要な影響を与えています．通常の火山は，対流圏に二酸化硫黄や二酸化炭素，ダストを放出し，気象に多くの影響を及ぼします．例えば，クラカトア火山が1883年に噴火した際には，3万6417人が亡くなりました．その噴火は近代に聞かれた中で最も大きい爆発音を伴っていたと考えられてお

り，約 5000 km 離れたところにも聞こえたと報告されています．それは 200 メガトンの TNT 爆薬に相当し，第二次世界大戦中に広島を壊滅させた原子爆弾リトル・ボーイの 1 万 3000 倍の威力です．大気中に出た二酸化硫黄とダストは，宇宙への太陽光の反射を大きくし，噴火後，地球の平均気温は 1.2°C 程度低下しました．長期にわたって天候不順が続き，気温は 1888 年まで低いままでした．

1991 年 6 月 15 日にピナツボ火山は噴火し，2000 万トンの二酸化硫黄を大気中へもたらしました．二酸化硫黄は大気中で酸化し，硫酸性の微粒子となり，噴火後，下部成層圏で徐々に拡散していきました．このとき，最新の測器によってその影響が測定され，地上に達する太陽光は 10% 減少していました．このことが，結果として北半球の平均気温を 0.5〜0.6°C 低下させ，全球平均では約 0.4°C の気温低下をもたらしました．

クラカトア火山とピナツボ火山はともに，気候に短期的な影響を及ぼしました．これは，二酸化硫黄とダストが水蒸気の多い大気圏の比較的低層に放出され，2〜3 年の間にほとんどの物質が大気中から洗い流されたためです（図 28a）．しかし，これらの二つの噴火は超巨大噴火と比較すると非常に小規模なものです．超巨大噴火の規模は，クラカトア火山噴火の数千倍に達します．地球内部のマグマがホットスポットから地殻の中へ上昇し，その上昇が地殻に妨げられるとき，超巨大噴火は起こります．地殻が耐えられる限り，大き

第 5 章　テクトニクスと気候

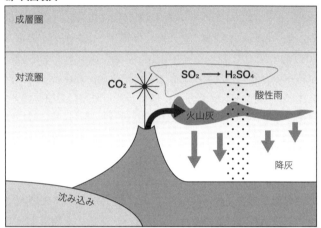

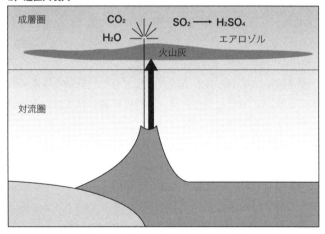

図 28　大気組成に対する火山噴火の影響

く成長するマグマだまりの中で，圧力は上昇します．超巨大噴火は，インドネシアのトバのようなプレートの収束境界でも起こります．トバ火山が最後に噴火したのは，約7万4000年前で，その際には大気中に約 2800 km^3 の物質を供給しました．イエローストーンでは 210 万年前に最後の噴火が起こり，2500 km^3 の物質を放出していますが，この超巨大噴火は大陸のホットスポットで起こったものです．これらの噴火の規模は大きいため，二酸化硫黄とダストは大気圏高層に達します（図 28b）．そのため，全球の気候に対する影響は非常に長期的なものになります．熱帯域での超巨大噴火は，地球全体の平均気温を少なくとも 6℃ 低下させ，少なくとも 3 年間は熱帯の平均気温が 15℃ まで低下することが，英国気象庁のモデルによって示されました．それから 10 年以上かけて，気候はゆっくりと平年の 1℃ 以内にまで戻ることも示されました．もしそのようなことが起こっていたら，最終的に影響が取り除かれるまで 100 年かかり，私たちにとって破滅的なものとなっていたでしょう．しかし，地質学的な時間の中では，気候システムに対してさほど長期間の影響とはならない，非常に短期的なイベントなのです．

寒冷な地球と温暖な地球

　プレートテクトニクスは，世界中の大陸をゆっくりと移動させ，超大陸から分裂大陸へ，分裂大陸から超大陸へと変化させます．超大陸であるロディニア大陸は，約 11 億年前にかたちづくられ，そして約 7 億 5000 万年前に分裂しました．

分裂大陸のうちの一つは，現在，南半球にある大陸の大部分を含んでいます．プレートテクトニクスは，約3億年前に別の形態で断片となったロディニア大陸を集合させ，有名な超大陸パンゲアを形成しました．その後，パンゲアは約2億年前にローラシア大陸とゴンドワナ大陸という南北の超大陸に分裂しました．これらの両超大陸は過去1億年にわたって，分裂し続けました．大陸がともに移動しているときに，寒冷な気候は形成されます．海面は，海洋底の生成の不足により低下します．巨大な山塊の強い雨陰効果による降水量の減少により，気候はより乾燥し，寒冷になります．その一方で，温暖な気候は大陸が分裂しているときに形成され，海洋底拡大が活発なことにより，海面も高まります．海嶺で二酸化炭素が放出されるため，大気中にはおそらく現在の3倍を超える比較的高濃度の二酸化炭素が存在します．このことが，温暖湿潤な気候をもたらします．

　超大陸の形成と分裂は進化に大きな影響を及ぼしました．超大陸は生命にとってきわめて悪いものです．その理由の一つ目は，多細胞生命体が生まれたと考えられる大陸棚が大きく減少することです．二つめは，大陸内部が非常に乾燥し，世界の気候がつねに寒冷であることです．主要な大量絶滅の多くは，超大陸の形成と関係しています．例えば，2億5000万年前の二畳紀〜三畳紀の間に起こった大量絶滅において，すべての海洋生物の96％と脊椎動物の70％が失われたと推定されており，"大量絶滅の母"ともよばれています（図29）．ロディニア超大陸の分裂に続く，約5億5000万年前の

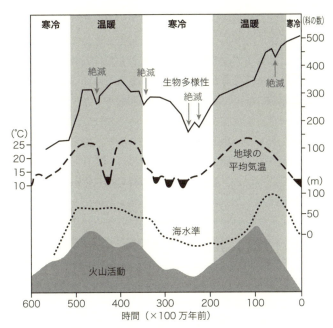

図29 長期的なテクトニクス,海水準,気候,生物多様性,絶滅とのつながり

カンブリア紀に起こった複雑な多細胞生物の爆発的増加は,驚くべきことではありません.

スノーボール・アース

約6億5000万年前,地球表面は少なくとも一度は完全に凍結したとされており,スノーボール・アース仮説とよばれています.それは,熱帯域で発見された堆積物を説明する方

法です．その堆積物は，熱帯域に多量の氷があったに違いないことを示す氷河性の特徴を示していました．この考えの反対派は，地質学的証拠が全球凍結を示してはいないとしています．さらに，全海洋が氷で覆われるようになるのか，もしくは部分的に解けていたのかという問題があります．いったんスノーボール状態となった地球が，その後いかにして凍結状態から脱するのかという問題もあります．答えの一つは，これが大気中の二酸化炭素とメタンのゆっくりとした蓄積を通して起こったとするものです．これらの気体が，最終的に臨界濃度に達したとき，氷が融解を始めるのに十分なほど大気を暖めます．地球が完全に凍結していたのか，赤道に沿って明海が存在する部分融解の状態にあったのかという，多くの未解決の疑問があります．しかし，とくに興味深いことは，複雑な生命の進化がふたたびスノーボール・アースとなる可能性に終止符を打ったという考えです．ブリストル大学のアンディ・リッジウェル（Andy Ridgwell）は，次のように主張しています．炭酸カルシウムの殻をつくる海洋微生物の進化は，海洋の炭素循環システムの中で現在緩衝作用を担っているので，これによって大気中の二酸化炭素の極端な変動が抑えられ，スノーボール状態やスラッシュボール状態への変化は起こらないのだと．

まとめ

現在の気候システムは，地球表面上のゆっくりとした大陸移動の産物です．極または極の周辺に大陸があるため，現在

"寒冷気候"にあります．大気中の二酸化炭素濃度の減少は，南極大陸とグリーンランド上の永久氷床の成長を促しています．これは，少なくとも60°Cに達する非常に強い極-赤道間の温度勾配を生み出し，これが，非常に活発な気候システムを駆動しています．経度帯型大陸分布と海洋ゲートウェイの現在の配列は北大西洋と南極圏に強い深海水形成をもたらしています．現在の山脈と山塊の配列は，世界の主要な砂漠やモンスーンシステムの位置を制御しています．大陸移動は，世界や地域の気候にも強く影響を及ぼしています．そして，それは進化にも同様に影響しています．現在の気候は，究極的には，プレートテクトニクスと大陸配置の産物なのです．

第6章
気候の世界的寒冷化

はじめに

　5000万年前，地球は非常に異なる環境でした．世界は現在よりも温暖湿潤であり，熱帯雨林がカナダ北部から南はパタゴニアにまで広がっていました．青々とし活気ある地球から，現在のように一部が氷に閉ざされた地球へとどのように変化したのでしょうか？　大氷河時代のはじまりは，どのようにして引き起こされたのでしょうか？　5000万年前の世界地図と今日を比較すると，それらは細部に至るまで同じように見えるでしょう．第5章で確認したように，大陸の動きは非常に遅いものですが，この場所の小さな変化が，世界の気候に大きな影響をもたらします．この5000万年間，この小さな変化が温暖な地球から寒冷な地球へと気候を変化させてきました．

過去1億年

1億年の間，南極大陸は南極にあり，北米大陸とアジア大陸は北極を取り囲んできました．しかし，過去250万年間だけは，氷期-間氷期サイクルを伴う大氷河時代を経験してきました．したがって，地球の気温を制御する別の要因がなければなりません．とくに，極域やその周辺の大陸を冷やす方法が必要です．南極大陸の場合，約3500万年前まで氷は蓄積されてはいませんでした（図30）．それ以前には，南極大陸は青々とした森林に覆われていました．さらに，恐竜は6500万年前に絶滅しましたが，それより以前の年代を示す恐竜の骨がそこで見つかっています．3500万年前の変化として，小規模な地殻変動のピークがありました．南米大陸とオーストラリア大陸は，ゆっくりと南極大陸から遠ざかっています．約3500万年前，タスマニアと南極大陸の間が海となりました．これに引き続き，約3000万年前には，南米大陸と南極大陸の間にドレーク海峡が形成されます．これは，海洋の最も顕著な拡大の一つです．そのため，南極大陸周辺の南氷洋に南極環流が形成されました．南氷洋は，冷蔵庫にある液体にたいへんよく似た振る舞いをします．南極大陸の周りの海水の流れは，大西洋やインド洋，太平洋の水と混ざり合いながら熱を解放し，南極から熱を奪います．外見的には，大陸間に小さな海洋ゲートウェイができることで南極大陸の周りに完全な循環ができ，絶えず大陸から熱を奪う海洋を生み出したのです．この仕組みが非常に効果的だったの

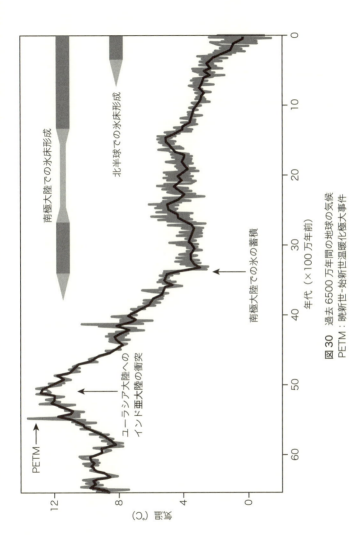

図30 過去6500万年間の地球の気候
PETM：暁新世-始新世温暖化極大事件

で，現在では南極大陸上に沢山の氷が存在するのです．仮にこのすべての氷が融けたとすると，世界の海水準は 65 m 以上高くなり，自由の女神の頭部を覆うほどにまでなります．しかし，この南極大陸氷床の形成要因により，科学者は，地球温暖化が南極大陸東部にある氷床の融解を引き起こすことにはならないだろうと確信しています．もし融ければ，海水準はおよそ 60 m 上昇することになるでしょう．しかし，これは南極大陸西部の不安定な氷床には当てはまりません（第 8 章）．

3000 万年前にも南極大陸は氷に覆われましたが，その状態は長くは続きませんでした．2500〜1000 万年前の間，南極大陸には部分的にしか氷はありませんでした．1000 万年前になぜふたたび世界全体で寒冷化がはじまり，そして，なぜ北半球で氷が蓄積しはじめたのでしょうか？ もし惑星を寒冷状態に維持しようとするなら，大気中の二酸化炭素濃度を相対的に低くすることが最も重要であると，古気候学者は考えています．大気中の二酸化炭素濃度が高ければ，上述の海洋冷却器でさえ南極大陸上に氷を成長させられないことが，コンピュータモデルによって示されています．何が二酸化炭素濃度をより低下させ，そして，なぜ氷は北方で成長しはじめたのでしょうか？

何が大規模な凍結を引き起こしたのか？

1988 年，当時ラモント・ドハティー地球観測研究所（コ

ロンビア大学）にいたビル・ラディマン（Bill Ruddiman）と大学院生のモーリーン・ライモ（Maureen Raymo）は，きわめて刺激的な論文を発表しました．彼らは，地球の寒冷化と北半球の氷床の形成が，チベット-ヒマラヤ山塊とシエラ-コロラド高地の隆起によって引き起こされていると提唱しました．第5章で示したように，巨大な山塊は大気循環を変化させることができ，このことが北半球を冷やし，雪と氷を蓄積させるのだとしました．しかし，ヒマラヤ山脈の大部分の隆起が，2000〜1700万年前のより早い時期に起こっていたことをそのとき彼らは理解しておらず，北方の氷の直接的な原因とするには，あまりにも時期尚早でした．しかし，後にライモは，この隆起が非常に大きな侵食を引き起こし，その過程で大気中の二酸化炭素を使い果たしたとする驚くべき見解を出しました．これは，山脈が形成されるときに，雨陰がつくられることによります．空気が山を越えていくとき，山の片側斜面ではより多くの雨が降ります．これが，なだらかな起伏の丘陵よりも，山で非常に速く侵食が起こる理由でもあります．ライモは，この通常よりも多い降水と大気中の二酸化炭素が，岩石を溶かす弱い炭酸水をつくると論じました．しかし，興味深いことに，炭酸水による炭酸塩岩の風化は大気中へ二酸化炭素を戻すのに対し，ケイ酸塩鉱物の風化は大気中の二酸化炭素濃度に変化を生じさせます．ヒマラヤ山脈の大部分はケイ酸塩岩で構成されているので，大気中の二酸化炭素を固定する岩が多く存在していたのです．雨水によって溶かされた新しい鉱物は海洋へと流され，その後炭酸カルシウムの殻をつくる海洋性プランクトンによって取り込

まれます．炭酸塩を含む海洋生物相の遺骸は，最終的に深海堆積物として堆積し，それらが海洋地殻上にある間，地球の炭素循環から除去されます．これが大気中の二酸化炭素を素早く除去し，海洋底に堆積させる経路です．過去2000万年の間に大気中の二酸化炭素が著しく減少してきたことは，まさに地質学的証拠によって示されています．科学者にとって，この理論に対する唯一の問題は，何がこのプロセスを止めるのかということです．過去2000万年の間に侵食されたチベット高原の岩石量で，大気中のすべての二酸化炭素は失われるはずでした．大気中の二酸化炭素平衡を維持する別の自然のメカニズムが必要です．なぜなら，風化によって除去され深海に堆積する炭素量と，沈み込み帯で再循環し火山活動によって放出される炭素量とのバランスの結果が，長期的な大気中の二酸化炭素濃度を決めるからです．

　グリーンランド氷床の拡大は，1000～500万年前の大気中二酸化炭素濃度の低下とともにはじまりました．興味深いことに，グリーンランドは，はじめに南から氷に覆われはじめました．これは，氷を形成するために水蒸気供給が必要だからです．そして，500万年前までに，南極大陸とグリーンランドの上に，今日のような巨大な氷床ができました．巨大な氷床が北米と北欧で消長を繰り返した大氷河時代は，250万年前にはじまりました．しかし，約600万年前にこれらの巨大な氷床が成長しはじめたことを示唆する興味深い証拠があります．氷に侵食され，その後氷山によって海に運ばれた当時の陸地の岩石片が，北大西洋やノルウェー海で見つかるの

です．このことは，大氷河時代の開始に失敗したように見え，地中海によるものだった可能性があります．

グレイトソルトクライシス

約600万年前，地殻変動によりジブラルタル海峡は徐々に閉鎖していきました．これにより，地中海は大西洋から一時的に分離されました．この分離の間，地中海は数回完全に干上がり，塩類からなる広大な蒸発岩鉱床を形成しました．2〜3mの海水が広く覆っている死海の巨大なものを想像してみてください．海洋中の塩分の約6％が除去されたこのイベントは，メッシニアン塩分危機とよばれています．そして，グローバルな気候イベントの一つでもあります．550万年前までに，地中海は完全に孤立し，塩の砂漠となりました（図31b）．これは，古気候記録が北半球での氷河作用のはじまりを示すのとほぼ同時期でした．しかし，約530万年前にジブラルタル海峡はふたたび開き，末期メッシニアン洪水（別名ザンクリアン洪水）を引き起こしました（図31c）．科学者たちは，今日におけるベネズエラのエンジェル・フォール（979m）より高く巨大な滝を想定し，さらには，アルゼンチンとブラジルの国境にあるイグアスの滝，もしくはカナダと米国の国境にあるナイアガラの滝よりもはるかに迫力のある滝を想定してきました．ジブラルタル海峡の地下構造に関する近年の研究論文は，洪水流路が乾燥した地中海へ向かって，むしろよりゆるやかに下っていたかもしれないことを示しています．洪水は数か月ないし数年にわたり発生し，そのことは，地中海-大西洋ゲートウェイを通じて，大量の溶

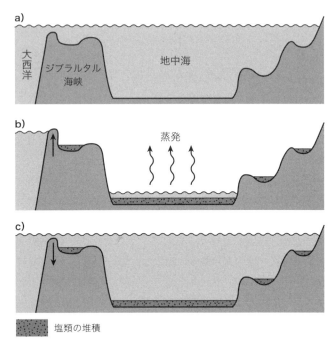

塩類の堆積

図 31 約 500 万年前の地中海における"メッシニアン塩分危機"と"末期の洪水"

解塩が世界中の海洋に送り出されることを意味しました．この過程において大氷河時代が終了し，それはまさに海洋循環によるものだったのです．第 2 章で見たように，メキシコ湾流は欧州を温暖にするだけでなく，深層水循環をつくり出し，地球全体を相対的に温暖なものにしています．500 万年前，深層水循環は今日ほど強くはありませんでした．これは，より塩分濃度の低い太平洋の海水が，パナマ・ゲートウ

ェイを通ることが可能であったためです．これについては，後ほど述べます．そのため，末期メッシニアン洪水による突然の塩分濃度の上昇は北大西洋の塩分を増加させ，このことが非常に強いメキシコ湾流と，ノルウェー海での海水の沈み込みを確かなものとしました．熱帯域の熱の効果的な北方への輸送に伴い，より厳しい大氷河時代への移行は500万年前以降停止しました．大氷河時代がふたたび生じるまで，その後250万年必要でした．

パナマ・パラドックス

太平洋-カリブ海ゲートウェイの閉鎖は，地質学者たちが大氷河時代の誘因として考える，もう一つの重要な地質構造上の要素です．チューリッヒ大学のジェラルド・ハング（Gerald Hang）とアルフレッド・ウェゲナー研究所のラルフ・ティーデマン（Ralf Tiedemann）は，海洋堆積物を証拠として，パナマ・ゲートウェイは450万年前に閉鎖し始め，約200万年前に完全に閉鎖したことを示しました．しかし，パナマ・ゲートウェイの閉鎖は，ある矛盾を引き起こします．すなわち，それが大氷河時代の開始を促進し，妨げもしたからです．太平洋の海水は北大西洋の海水よりも塩分濃度がより低いため，カリブ海へ流入する太平洋の海水の減少により，カリブ海の塩分濃度は上昇したでしょう．このことが，メキシコ湾流と北大西洋海流により北方へ運ばれる海水の塩分濃度を上昇させ，深層水の形成を強めたでしょう．メキシコ湾流と深層水形成のさらなる強化は，大氷河時代の開始に不利に作用したでしょう．なぜなら，高緯度への海洋の

熱輸送が強化され，氷床の形成に不利となったためです．そのため，約 500 万年前，大氷河時代の開始が食い止められた後，パナマ・ゲートウェイの漸進的な閉鎖が北方への熱輸送を増加させ続け，寒さを防いだのです．しかし，ここにパラドックスがあります．なぜなら，低い気温と大量の水蒸気という二つの要素が，巨大な氷床形成には必要だからです．強いメキシコ湾流は，北方に多くの水蒸気を供給し，氷床の形成を活発化する準備はできています．つまり，北方へ供給される余分な水蒸気が雪として降り，氷床を形成する準備が整っているので，北半球における巨大な氷床の形成開始が，高い気温の中ではじまり得ることを意味するのです．

なぜ 250 万年前なのか？

　地殻構造の要因だけでは，北半球の氷河作用が急速に強まったことを説明できません（図 32）．海洋堆積物を用いた私の研究によれば，大氷河時代への移行には，三つの主要な段階があります．その証拠は，氷によって大陸から剥ぎ取られた岩片が，いつ氷山により隣接の海盆にもたらされたのかということから示されます．第 1 段階として，274 万年前にユーラシア大陸の極域と北東アジアで氷床が成長しはじめました．それは北米大陸の北東部の氷床の成長を示すいくつかの証拠によって示されます．第 2 段階として，270 万年前に氷床はアラスカで形成されはじめました．最後の段階として，254 万年前，それらすべての中で最も大きい氷床が，北米大陸の北東部で最大となりました．つまり，20 万年足ら

竹内流「ざっくり」でわかるポリアの思考術

数学×思考＝ざっくりと
いかにして問題をとくか

竹内 薫 著　定価（本体1,300円＋税）
B6判・192頁　ISBN978-4-621-08819-7

絵やグラフにしてみる
仮説をあげてみる
ケタで覚えてみる
データの分析や誤差を推定してみる

難問に直面したからといって、即座にあきらめることはまったくありません。そういう時こそ、発想を転換して、まずは「ざっくり」と考えてみると、意外に道が開けてくるものです。本書では、ポリア「いか問」の発想法にヒントを得て、どんな読者でもよく理解できるよう、平易な語り口で日常生活や仕事上の問題を解決する方法を伝授します。

いかにして問題をとくか

G. Polya 著
柿内賢信 訳

定価（本体1,500円＋税）

B6判・264頁　ISBN978-4-621-04593-0
未知の問題に出会った場合どのように考えたらよいか、創造力に富んだ発想法が身につく。

いかにして問題をとくか
実践活用編

芳沢光雄 著

定価（本体1,400円＋税）

B6判・194頁　ISBN978-4-621-08529-5
名著「いかにして問題をとくか」の具体的活用本。身近な事例で数学的思考が楽しく学べる。

丸善出版

理科系新書シリーズ
サイエンス・パレット

未来を拓く、たしかな知

新書判・各巻 160〜260 頁　各巻定価（1,000 円＋税）

　「サイエンス・パレット」は、高校レベルの基礎知識で読みこなすことができ、大学生の教養として、また大人の学びなおしとして、たしかな知を提供します。

　一人ひとりが多様な学問の考え方を知り、これまで積み重ねられてきた知の蓄積に触れ、科学の広がりと奥行きを感じることができる──そのような魅力あるラインナップを、オックスフォード大学出版局の "Very Short Introductions" シリーズ（350 以上のタイトルをもち、世界 40ヶ国語以上の言語で翻訳出版）の翻訳と、書き下ろしタイトルの両面から展開します。

◎シリーズのラインナップは"丸善出版"ホームページをご覧ください。
※価格は諸般の事情により変更する場合があります。

丸善出版株式会社

〒101-0051 東京都千代田区神田神保町 2-17 神田神保町ビル6階
営業部 TEL(03)3512-3256　FAX(03)3512-3270　http://pub.maruzen.co.jp/

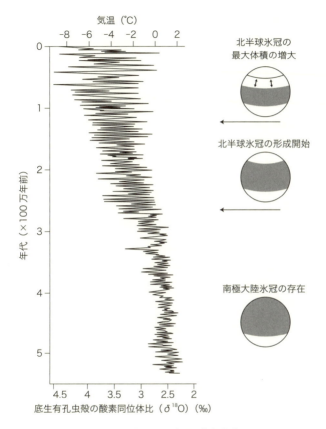

図 32 過去 500 万年間の気候変動

ずで,キール大学マイケル・サムセイン(Michael Sarnthein)が「気候の黄金時代」ともよんだ鮮新世前期の穏やかな温暖期から,大氷河時代へと移行しました.

北半球において氷河作用が強化されはじめたタイミングには，別の要因があったに違いありません．軌道強制の変化（地球公転の変化）が，地球の寒冷化に寄与する重要なメカニズムとなる可能性が指摘されてきました．地球の多くのみそすり運動の詳細と，それらがどのように個々の氷期の拡大と縮小を生じさせてきたのかについては，次の章で述べます．これらの個々のみそすり運動は数万年スケールですが，より長周期の変化も存在します．例えば，最も重要なものの一つに黄道傾斜角，言い換えれば，地球軌道面に対する地球自転軸の傾きがあります．この傾きが変化するのです．4万1000年の中で，地球の自転軸は，太陽へ向かってわずかに傾いたり戻ったりしています．それは大きな変化ではなく，21.8〜24.4度の間で変化しています．第1章では，自転軸の傾きがどのように季節をつくるのか説明しました．より大きな傾きは，夏と冬により大きな違いをもたらすでしょう．125万年の中で傾きの振幅は変化します．500万年前と250万年前，北半球が氷で覆われようとしたとき，傾きの変化はその最大値にまで大きくなりました．このことが，それぞれの季節変化をとても顕著なものとし，最も重要だったのは北半球の冷涼な夏でした．この冷涼な夏が氷を融かすことなく，氷床への発達を可能にしました．

氷期における熱帯の反応

　北半球における氷河作用の増大の開始が，高緯度にだけ影響を及ぼしたわけではありません．熱帯で状況が変化したの

は，大氷河時代開始の50万年後と思われます．200万年前，太平洋における東西の海面温度勾配は非常に小さなものでしたが，この勾配はしだいに増大し，相対的に強いウォーカー循環と，冷涼な亜熱帯の気温をもつ現代の循環モードへと切り替わったようです．ウォーカー循環は直接循環である大気の東西成分で，熱帯域における降水の制御にかかわっています．ウォーカー循環は，エルニーニョ／南方振動（ENSO）の重要な要素でもあります（第3章）．200万年以前は非常に弱いウォーカー循環だったため，ENSO は現在のかたちでは存在しなかったかもしれません．ウォーカー循環の発達は，初期の人類の進化との関連もあるようです．東西循環の強化は，東アフリカ地溝帯に一時的な深い淡水湖を生み出したようです．約200万年前の湖の急速な出現と消失をもたらしたこの特徴的な気候が，脳容量が80％以上増加したアフリカのホモ・エレクトゥスの進化や，ごく初期における私たちの祖先がアフリカから移動したことに関連したかもしれないと，近年主張されています．

中期更新世の気候転換期

80万年前以降のある時期に生じた氷期-間氷期気候サイクルの顕著な長周期化と振幅の増大を示す時期を，中期更新世の気候転換期（MPT）とよんでいます（図32）．MPT より前，氷期-間氷期サイクルは，地軸の傾きのゆっくりとした変化に対応して，4万1000年ごとに起こっていたようです．約80万年前以降，氷期-間氷期サイクルはより長くなり，平

均して 10 万年を超えていたと思われます．これらのサイクルの形態も変化しています．MPT 以前には，氷期と間氷期の移行はゆるやかであり，それぞれの気候は均等に割り振られていたようです．MPT 以後，サイクルの形態は鋸歯状(きょし)になりました．それは，非常に強い氷期を形成する 8 万年にわたる氷の蓄積と，その後に起こる 4000 年未満での急速な退氷と氷の全消失によるものでした．その後，ふたたび氷期へと移行する前に，現在の気候に類似した間氷期が約 1 万年間維持されました．この鋸歯状のパターンにいえるのは，より大きな氷床は非常に不安定であるため，気候のわずかな変化により急速に崩壊し，全気候システムが間氷期へと戻るということです．次章では，これら近年の氷期-間氷期サイクルを詳細に見ていきます．

第7章
大氷河時代

はじめに

　1658年に，北アイルランドのアーマー州の大司教アッシャーは，周囲の景観の特徴を見て，ノアの大洪水によるものと考えました．彼は聖書を使って，BC4004年からその時までの洪水を調べ，これによってつくられた景観に対して精力的年代をつけました．1787年，スイス・ジュネーブの貴族であり，物理学者で登山家でもあるオラス・ベネディクト・ド・ソシュール（Horace-Bénédict de Saussure）は，アルプス起源の迷子石[*1]がジュラ山地斜面上から数百kmも移動していることを知り，山岳氷河が過去にかなり遠くまで拡大していたに違いないと推論しました．この発見は，1837年になってスイスの地質学者ルイス・アガシー（Louis Agassiz）により，迷子石とエンドモレーン[*2]という証拠に

基づき"氷期"あるいは"氷河"理論として提唱されました．ターミナルモレーンは，ブルドーザーのように前進する氷床の前面で押された侵食性の堆積物によってつくられた丘です．氷床の大きさが最大になったとき，堆積物は氷床の末端部に沿って一連の丘として堆積します．1909年にドイツ人地理学者アルブレヒト・ペンク（Albrecht Penck）と，オーストリア人地理学者エドワルド・ブリュックナー（Eduard Brückner）は，全3巻となる『氷期のアルプス山脈』（Die Alpen im Eiszeitalter）を執筆しました．その本の中では，"ギュンツ""ミンデル""リス""ヴュルム"とよばれる四つの主要な氷河時代または氷期の存在を結論づけています．しかし，大陸や陸上起源の証拠は，不連続が起こるという欠点をもち，その後の氷床の前進によって破壊される可能性があります．そのため，長期的な連続堆積物コアが海洋底から採取される1960年代までは，いくつの氷期が存在していたかわかりませんでした．現在，海洋底約6 kmの深さまで掘削をすることができますが，800 m程度しか海洋底堆積物を採取することはできません．この限られた海洋底堆積物の研究から，科学者たちは，過去250万年間に50の氷期があったことを示しています．

大氷河時代の消長

　現在，氷期-間氷期サイクルは過去250万年間の第四紀の基本的特徴として知られています．巨大な大陸氷床の消長は，太陽の周囲を回る地球軌道の変化によって引き起こされ

ます．長期間にわたり地球の軸は揺らいでおり，このことが地球の異なる部分で受け取る太陽光や太陽エネルギーの量を変化させます．これらの小さな変化は，気候変化を促したり引き起こしたりするのに十分なものです．しかし，変化量の増減は，地球軌道の揺らぎによって生じるのではなく，むしろ地球の気候の反応によって生ずるものです．地球は，地域的な太陽エネルギーの比較的小さな変化を主要な気候変動へと変換するのです．例えば，最終氷期である2万1000年前と今日の地球の位置はよく似ています．つまり，気候を左右するのは，正確な軌道位置ではなく，むしろ軌道位置の中での変化にあります．離心率，黄道傾斜角，歳差という三つの主要な軌道パラメータもしくは揺らぎがあり（コラム4），コラムからわかるように，それぞれが特有の周期と気候に対する効果をもっています．しかし，もっと面白いのは，それらを統合し，どのように気候を大氷河時代へと突入させ，また脱出させるのかがわかるときです．

コラム4　軌道強制力

軌道パラメータや揺らぎには三つの主要な要素があります．離心率，黄道傾斜角，歳差というもので，長期の気候に重要な影響を及ぼしています（図33）．

離心率は，太陽を回る地球軌道を決めているもので，これにより円形から楕円形へと軌道の形は変化します．この変化は，

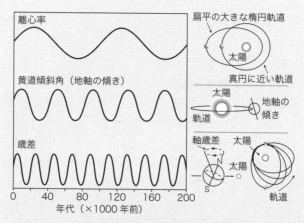

図33 軌道変数

約9万6000年の周期で起こり,さらに約40万年の長い周期もあります.言い換えると,楕円の長軸の長さが時間とともに変化するということです.現在,地球は1月3日に最も太陽に近づき,その距離は約1億4600万kmです.これを近日点とよびます.7月4日に太陽から最も離れ,約1億5600万kmとなります.この位置を遠日点といいます.離心率の変化は,太陽放射量全体に対してわずかな変化に対応するものですが,歳差と結びつくときわめて大きな季節的影響を及ぼします.もし地球軌道が完全な円形なら,太陽放射量の季節変動は起こりません.現在,近日点において地球が受け取る平均太陽放射量は351 W/m²程度であり,遠日点では329 W/m²です.これは6%程度の違いに相当しますが,過去500万年間で最大離心率となったときには,30%の違いとなったと考えられます.1949年,ミルティン・ミランコビッチ(Milutin Milankovitch)は,

北半球夏季において太陽との距離がより離れ,そのために前の冬の雪が消えずに残る場合に,北半球の氷床が形成される可能性が高いとする説を発表しました.これとは別の離心率の影響に,歳差運動に対する効果の調節があります.しかし,離心率の影響は,三つの軌道パラメータの中で最も小さいことに注意が必要です.

黄道傾斜角(軌道面に対する自転軸の傾き)は,4万1000年周期で21.8度から24.4度まで変化します.第1章で述べたように,自転軸の傾きが季節を生じさせています.黄道傾斜角が大きくなるほど,夏季と冬季の太陽放射量の違いが大きくなります.ミランコビッチは,北半球の夏が寒ければ寒いほど残雪の可能性がより高まり,結果として氷河や氷床が徐々に形成されるとしました.

歳差は,地球の楕円軌道と自転軸に関連した成分をもっています.地球の自転軸は,2万7000年周期でみそすり運動をしています.これは,コマの回転軸の旋回によく似ています.歳差は,例えば北半球の夏のはじまりとなるような,特定の日における地球ー太陽間の距離を変化させます.異なる軌道パラメータの組合せにより,2万3000年と1万9000年という二つの異なる歳差運動周期が生じます.軌道歳差の変化に軸歳差が加わって,2万3000年の周期性が生まれます.しかし,離心率と軸歳差の組合せもまた,1万9000年の周期を生じさせます.これら二つの周期が組み合わさるので,近日点に対応した両半球の夏季が,平均して2万1700年に一度現れることになります.赤道での黄道傾斜角の影響がゼロであるのに対し,歳

差は熱帯域に最も大きな影響を与えます．つまり，黄道傾斜角の影響は最終的には熱帯域に影響を与える可能性もありますが，高緯度の気候変化に対して明瞭なものであり，一方，離心率に調整された歳差だけが，熱帯域における太陽放射に直接的な影響を与えるのです．

離心率と黄道傾斜角，歳差運動の効果の組合せによって，長期間にわたり地球が受け取る太陽エネルギー分布を計算することができます．図34は，北緯65度において計算された太陽放射量と，海水準変化によって表される氷床の変化を過去60万年間にわたって比較したものです．

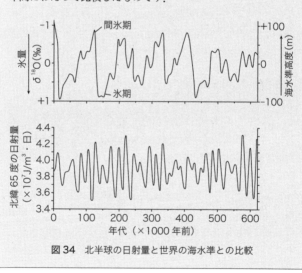

図34 北半球の日射量と世界の海水準との比較

時計仕掛けの気候？

　三つの軌道パラメータすべてを合わせることで，期間を通じた全緯度における太陽エネルギーを計算することができます．1949 年，セルビアのすぐれた数学者であり気候学者でもあるミランコビッチは，北極圏のすぐ南に当たる北緯65度での夏季の太陽放射が氷期-間氷期サイクルを制御するうえで重要であることを示しました（図34）．夏季の太陽放射が十分減少すると，氷は夏季を通じて残り，堆積しはじめ，最終的に氷床が生成されるとしています．軌道強制力が，この夏季の太陽放射に対し非常に大きな影響をもつのです．具体的にいうと，過去50万年間において太陽放射の変化量が最大となった際には，北緯65度での夏季の太陽放射量がそこから550 km北の北緯77度で現在受け取っている量にまで減少したのです．単純な言い方をすれば，現在中部ノルウェーにある氷限を中部スコットランドの緯度にまで下げることになります．北緯65度での太陽放射量の低下は，夏季に地球—太陽間距離を長くする離心率，浅い黄道傾斜，離心率による太陽—地球間の最大距離を夏季に生じさせる歳差によってもたらされます．気候を制御するのが南緯65度ではなく，北緯65度である理由は至って単純です．北半球に形成された氷床は，発達に適した広い大陸をもっています．対照的に南半球では，南極大陸で生成された余分な氷は海に落ちてしまい，より暖かい海に流されてしまうので，氷床の成長が南氷洋によって制限されてしまいます（図35）．ですか

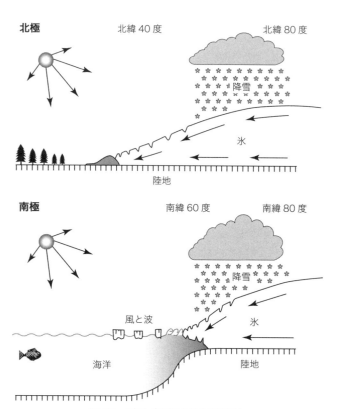

図35　北極と南極における氷床拡大

ら，氷河作用に対する従来の見解は，北半球温帯域の夏季における太陽エネルギーの低下によって，氷が夏を越し，氷床が北半球の大陸で発達するといったものでした．しかし，一見単純な時計仕掛けの世界は，実際には非常に複雑です．というのも，軌道変化による季節的影響は非常に小さく，これ

らの変化を増幅させる気候システムがあるためです．

氷期-間氷期サイクルを引き起こす原因

　気候に氷期-間氷期変動を引き起こすには，軌道強制力だけでは不十分です．地球システムは，代わりに，さまざまなフィードバック機構を通して地球表面が受け取る太陽エネルギーの変化を増幅し，変換しています．氷期形成について考えてみましょう．はじめに，夏季の気温がわずかに低下する必要があります．この夏季の気温変化により，雪と氷が蓄積され，宇宙への太陽光反射であるアルベドが増加します．より多くの太陽光が宇宙空間へ反射する過程は，局地的な気温を低下させ，このことが，より多くの雪と氷の蓄積を促進し，さらにその地域のアルベドを大きくします．この過程を"アイス・アルベド"フィードバックとよんでいます．つまり，いったん小さな氷床が形成されると，それが周囲の環境を変化させ，より多くの雪と氷を生成し，氷床はさらに大きく成長するのです．

　もう一つのフィードバックは，北米のローレンタイド氷床に代表されますが，氷床が十分に大きくなり，大気プラネタリー波の障壁となった際に引き起こされます（第5章，図27）．このことが北大西洋の低気圧経路を変化させ，メキシコ湾流と北大西洋海流が，今日のように高緯度まで侵入することを妨げます．この海洋表面の変化が，巨大な大陸氷床からのノルウェー海や大西洋への融氷水増加と組み合わされ

て，結果的に深層水生成の減少を引き起こします．グリーンランドとラブラドル海の深層水生成は，現在の気候の心臓部に当たります．深層水形成が弱まることにより，北方に引き込まれる暖水の量が減少します．このことが，北半球におけるさらなる寒冷化と氷床の拡大を導きます．

　現在，古気候学者の中では，前述の物理気候フィードバックと温室効果ガスの役割が議論されています．極地にある氷の中の気泡は，氷期の間の二酸化炭素とメタンの濃度が，それぞれ現在の3分の1，2分の1であったことを示しています．これらの変化は，氷期に生じた寒冷化を強め，よりいっそう氷の形成を促したでしょう．つまり，次の議論へとつながります．地球軌道の変化は，温室効果ガスの生成に影響を与え，北半球の大陸に巨大な氷床をつくるほど地球を冷やすのでしょうか？　それとも，地球軌道の変化が，はじめに北半球に巨大な氷床をつくり，これにより地球の気候が変化し，温室効果ガスの生成を減らし，氷期を長く寒冷なものとしているのでしょうか？　残念なことに，これらの疑問には答えられていません．しかし，わかっていることは，氷期-間氷期サイクルにおいて，温室効果ガスが重要な役割を担っているということです．また，温室効果ガス濃度の変化が，つねに地球規模の気温変化に先行することもわかっています．

　重要なのは，なぜこれらのフィードバックが継続し，全球凍結とならないのかということです．その答えは，"水蒸気限界"とよばれる過程が，これらのフィードバックの暴走を

妨げていることです．氷床を形成するためには，冷たく湿った状態にすることが必要です．しかし，暖かい表層水は遠く南方へと追いやられるため，氷床形成に必要な水蒸気供給が減少します．つまり，大気海洋循環の変化により，最終的には氷床の必要とする水蒸気が不足します．

最近100万年間では，氷床が最大に達するまでに8万年かかりました．最後に氷床が最大になったのは約2万1000年前でした．しかし，氷の融解はより速く進みます．"退氷期"として知られるこの期間は，最長でもわずか4000年しかかかりません．この退氷期は，北緯65度付近において夏季に受け取る太陽エネルギーが増加することによって引き起こされます．このことが，北半球の氷床をわずかに融かそうとします．大気中の二酸化炭素とメタンの濃度上昇は，地球規模の温暖化を促進し，巨大な大陸氷床の融解を促します．しかし，これらのプロセスは，微気候を形成して状態を維持しようとする氷床のアルベド効果に抗して作用しなければなりません．氷床の融解による海面上昇は，急速な氷の融解を引き起こします．そこでは，海洋に面した氷床は海面上昇によって下部を切り取られます．海水は最低で約 $-1.8°C$ になりますが，氷床の基底部はつねに $-30°C$ より寒冷です．氷に対するこの水の効果は，熱湯の上にアイスクリームの容器を置くことに似ています．氷床の下部を取り除くことが，より多くの融解と氷の海洋への崩壊を引き起こします．このことが，さらに海面を上昇させ，よりいっそうの氷床下部での融解を引き起こします．この海水準フィードバック過程は，きわめ

て急速に生じます．いったん氷床が十分に後退してしまうと，前述したほかのフィードバック機構が逆方向に働きます．

最終氷期の詳細な分析

わずか2万1000年前の最終氷期に注目しても，かなり異なった氷河作用が地球の気候を形成していたことがわかります．北米大陸には，太平洋から大西洋まで，大陸を横切ってほぼ連続する氷床がありました．それは，ハドソン湾を中心とした東部のローレンタイド氷床と，海岸山脈およびロッキー山脈に分布する西部のコルディレラ氷床の二つに分かれた氷床で成り立っていました．ローレンタイド氷床は，地表の1300万km^2を覆い，ハドソン湾の最深部では3300 mを超える厚さに達していました．最も拡大した際には，ニューヨークからシンシナティ，セントルイス，カルガリーにまで達していました．欧州には，フェノスカンジナビア氷床とブリティッシュ氷床という二つの大きな氷床と，ヨーロッパアルプス上の小さな氷床がありました．多くの氷期で，ブリティッシュ氷床とスカンジナビア氷床はつながっていました．この氷床は，各氷期において平均して約34万km^2を覆っていました．最終氷期の間，氷床はグレートブリテン島内に達し，ノーフォークのへりに続いていました．フェノスカンジナビア氷床は，ブリティッシュ氷床よりも大きく，660万km^2を覆っており，ノルウェーからロシアのウラル山脈全域に広がっていました．パタゴニアや南アフリカ，オーストラリア南部，ニュージーランドに大規模な氷床が存在していた

南半球のことも忘れてはなりません．そのうえ，南極氷床は約10%拡大し，季節海氷は大陸からさらに約800km沖に広がっていました．これらの氷床中に閉じ込められていた膨大な水の量を推測するのは難しいことです．海洋を検討することが，これを把握する方法の一つです．海洋は地球表面の70%を超える範囲を覆っていますが，非常に多くの水が海洋から吸い上げられ，氷床へと移動したため，海水準が120m以上低下したのです．これは，ロンドン・アイ（ロンドンにある大観覧車のことで地上高約130m）の高さとほぼ等しい高さです．今日における南極とグリーンランドのすべての氷が融解すると，海水準は70m上昇する可能性があります．氷期における地球平均の気温は，現在よりも5〜6℃低かったのですが，この気温低下は均一ではなく，高緯度で12℃程度，熱帯で2〜5℃でした．氷期はまたとても乾燥した時期でもあり，大気中には大量のダストがありました．例えば，中国北部や米東部，欧州中央部と東部，中央アジア，パタゴニアには，"レス堆積物"とよばれる数百mに及ぶダストの堆積物があり，氷期に形成されたものです．

氷がつくる大地

氷期の間，巨大な氷床の存在が，地域の気候，植生，景観に強く影響しました．高緯度地域における広大な北方林は，かつて広がっていた大地を拡大する氷床によって荒らされ，荒廃しました．大気中の水蒸気の減少は，降雨を大幅に減少させ，広大な湿地や熱帯雨林が縮小しました．巨大な大陸氷

床もまた景観に大きな影響を与えました．温帯のほとんどの地域は氷期による影響を受けました．北欧や北米を旅行すると，その景観に対する氷期の驚くべき影響を目にします．これらの影響は，映画にとって素晴らしい背景をつくっています．例えば，映画「ロード・オブ・ザ・リング」三部作は，ニュージーランドで撮影されており，目にする山々や自然，絶景は，氷床が数千年かけて島々を削ってできたものです．ですから，次にこれらの映画を鑑賞するときには，"氷床"を思い浮かべてください．氷床は，U字谷やフィヨルド，モレーン，卵形の丘である"ドラムリン"といった地形を残しました．現在のテムズ川の流路さえ，氷床によるものです．以前のテムズ川は，ロンドン北方のセントオールバンズを流れ，イングランド東部のエセックスで北海に流れ込んでいました．最後から2番目の氷期の影響は，欧州で非常に強かったため，ロンドン北部にまで氷床が広がりました（これにより，テムズ川は，現在の流路へと河道を変えました）．つまり，ロンドンの地勢は，氷期による影響を強く受けているのです．米国における多くの主要河川の流路は，氷床の位置と，膨大な融氷水によっても変化しました．この融氷水は，より最近の1万2000年前に氷床が融解したとき，濁流となって押し寄せたものです．ローレンタイド氷床とミシシッピ川の流域には，最終氷期終わりに起きたこれらの大規模な洪水の遺物が残されています．

120m海面が低下したことは，大陸がかたちを変えたことを意味するので，地球全体の地形も変わりました．グレート

ブリテン島のような島は大陸の一部となり，そしてこれは最終氷期の間，フランスまでイギリス海峡を歩いて横断することができたことを意味しています．通行を妨げる唯一のものは，現在のイギリス海峡の中心部分に流れていた巨大な新しい河川でした．この河川は，テムズ川やライン川，セーヌ川の水を集め，大西洋へと流れていたのです．海面低下によって形成された世界中の陸橋によって，新しい種が新しい土地に侵入していきました．スリランカや日本，英国，シシリー，パプアニューギニア，フォークランドといった世界中の島々が，隣接する大陸の一部になりました．たとえば，アラスカと北東アジアを分けるベーリング海峡に並ぶ島々は，陸つながりでした．そのため，最終氷期終わりの気候が温暖になりはじめた非常に早い時期に，人類はアジアから北米へ渡り，新大陸へ入植できました．

草本を失ったアマゾンの事例

　氷期は，世界の気候システム全体に明確な影響を与えますが，熱帯に与えた影響に関しては論争となっています．地球表面の半分は，北回帰線と南回帰線の間にあり，世界の熱帯雨林すべてがここにあります．これらのうち，大きさと種の多様性に関して，最も重要な地域がアマゾンです．アマゾン川流域は世界で最も大きく，700万 km^2 あり，海洋に注ぐ全淡水の約20％の流出があります．流域の大部分は，きわめて多様な熱帯雨林によって覆われています．1969年に，ハッフェル（Haffer）は素晴らしい理論を提唱し，アマゾン

が非常に多様である理由を，氷期と結びつけています．彼が提案したのは，各氷期の間，熱帯において気温と降水量が低下したために，熱帯雨林の大部分がサバンナに取って代わられたというものでした．しかし，熱帯雨林の一部が草原に囲まれた熱帯雨林の孤島，すなわち小さな"レフュジア"として生き延びました．これらの熱帯雨林の孤島が，多くの新しい種を生み出す進化の温床となりました．各氷期の終わりにおいて，熱帯雨林の孤島は，以前より高いレベルの種の多様性と固有性をもって結合しました．しかし，1990年代後半まで，科学者の多くがサバンナの拡大を確認できなかったため，この理論は攻撃されてきました．現在，私たちは花粉記録とコンピュータモデルからこのことを知ることができます．アマゾンにおける乾燥・冷涼化によって，まさにサバンナがその境界の一部に侵入し，熱帯雨林は今日の約80％まで減りました．しかし，氷期にアマゾンが生き残り，繁栄さえしたことは，地球生態系における熱帯雨林の回復力と重要性に対する一つの証なのです．熱帯雨林が氷期を生き延びた理由の一つは，冷涼状態が実際に少雨という影響を弱めたということです．言い換えると，低温が樹木からの蒸発量を減らし，そのため，熱帯雨林にとって重要な水分の欠乏を減らしたのです．ただ，氷期の間，アマゾンの熱帯雨林の種構成には大きな変化がありました．例えば，花粉記録は，現在アンデス山脈で見つかる多くの木本種が，かつてのアマゾンにおける熱帯雨林の優占種であったことを示しています．これは，より低温に順応した種が間氷期の間に，より"冷涼"な高地へと押し上げられたためです．現在のアマゾンの熱帯雨

林をふつうの状態として見なすことができないのは重要なことです．なぜなら，最近100万年間について地球の気候の80％が氷期の状態にあったからです．つまり，最終氷期におけるアンデス種と低地熱帯雨林種が多様な混合をしてアマゾンの森林は再構築されました．その典型は常緑および半常緑林です．最終氷期において，アマゾンが草原でなかったことは，熱帯雨林の膨大な多様性に対して別の進化メカニズムを探す必要があることも意味しています．そのことは，氷期が原因ではなかったこと意味しているかもしれません．

不安定な氷期

多くの場合，氷床は不安定なものであり，氷期の間に急速に崩壊し再形成したので，気候はある状態から別の状態へと激しく移り変わりました．これは，いわば"気候ジェットコースター"とよばれるべきものでした．ほとんどの変化は1000年ほどの時間スケールで発生しますが，こうした極端なイベントは，3年あまりの間に起こることがあります．これらの中で最も目を見張るイベントに，ハインリッヒ・イベントがあります．1988年にハインリッヒ（Heinrich）がこれらのイベントに関する論文を発表した後，ラモント・ドハティー地球観測研究所の古海洋学者をウォーレス・ブロッカー（Wally Broecker）がこの名をつけました．ハインリッヒ・イベントとは，北米大陸のローレンタイド氷床の大規模崩壊であり，これにより数百万トンの氷が北大西洋に流入しました．ブロッカーは，この現象を北米から大西洋を横切り欧州

へと流動する，いわば氷山艦隊として述べました．これらの巨大な氷山が，たどり着いたフランス北部の海岸に巨大な痕跡が見つかっています．ハインリッヒ・イベントは，一般的背景にある不安定な氷河気候に対して発生しており，北大西洋地域周辺に現れる短く最も極端な氷期の状態を示しています．ハインリッヒ・イベントの証拠は，すでに寒冷な氷河気候の中に，さらに2〜3℃低い気温としてグリーンランドの氷床コアの中に記録されています．南米や北大西洋，サンタバーバラ盆地，アラビア海，中国，南シナ海，日本海といった，はるか遠くの地域での主要な気候変化の証拠により，ハインリッヒ・イベントが世界的に大きな影響を与えたことがわかっています．これらの北大西洋地域周辺でのイベントの間，北米と欧州両方の地域では非常に寒冷な状態となりました．膨大な数の氷山の融解は，北大西洋に非常に寒冷な淡水を加えることになったので，海面水温と塩分濃度は下がり，表層水の沈み込みが抑えられるほどになりました．このことが，北大西洋におけるすべての深層水形成を止め，全球海洋コンベアベルトのスイッチを切りました．

ハインリッヒ・イベントは，大西洋中央から採取される海洋堆積物コア中で容易に見つかります．大量の岩石を載せた氷山が海洋へと移動し，融解したときに，海洋底に岩片を落とし，その痕跡を残しているからです．海洋堆積物中におけるこれらのイベントの理解や年代測定によると，最終氷期の間，ハインリッヒ・イベントは平均して7000年ごとに発生したように見えます．また，これらの岩片の下には，海洋虫

の小さな穿孔が見つかっています．堆積物は，それを食べる別の動物によって攪乱を受けるため，これらの穿孔は通常見つけることができません．これらの管や穿孔の痕跡が保存されるためには，融解した氷山からの岩片が3年以内に注がれ，十分に速く堆積することで動物からの攪乱を防ぐ必要があります．このことは，北米大陸の氷床崩壊がきわめて急速であり，3年以内に氷山が大西洋へ流出したことを示しています．つまり，巨大な氷床のある寒冷な状態から，極端に寒冷な状態への変化は，北米大陸氷床の部分崩壊によって引き起こされたのです．

現在，大規模なハインリッヒ・イベントの間に，約1500年ごとに，ダンスガード・オシュガー・イベント（サイクル）とよばれる小さなイベントがあったことがわかっています．ハインリッヒ・イベントは，実際にはダンスガード・オシュガー・イベントの極端なものであったともいわれています．ハインリッヒ・イベントとダンスガード・オシュガー・イベントの大きな違いは，ハインリッヒ・イベントが氷期の間にのみ見つかっている一方，ダンスガード・オシュガー・イベントは間氷期にも見つかっていることです．

ハインリッヒ・イベントの要因とは？

ハインリッヒ・イベントの魅力は，評価が可能な時間スケールで発生していることと，氷期の気候に及ぼした巨大かつ重要な影響によっています．このため，この要因に関する

多くの競合する理論があります．氷河学者ダグ・マックアイール（Doug MacAyeal）は，ハインリッヒ・イベントの氷山流出が，ローレンタイド氷床の内部不安定性によって引き起こされるとしています．この氷床は，柔らかく，締まりのない堆積物の上に載っています．この堆積物が凍ったとき，変形せずコンクリートのように振る舞うことで，発達する氷床の重さを支えることができます．氷床が拡大すると，氷上の摩擦熱と地殻内部からの地熱は，横たわる氷の断熱効果によって閉じ込められます．この"羽根布団"効果により，堆積物の温度は融ける臨界点にまで上昇します．これが起こったとき，堆積物は柔らかくなり，氷床底を滑らかにしたため，そのことがハドソン海峡を通って北大西洋に流れる大量の氷流出を引き起こしたのです．これは，次に突然の氷塊損失を引き起こすので，断熱効果は減少し，氷床底と堆積物の再凍結が起こります．このため，氷はよりゆっくりとした成長と外向きの運動へと逆戻りするでしょう．マックアイールは，これをビンジ・パージモデルとよび，すべての氷床には不安定性に関する固有周期があるため，フェノスカンジナビア，グリーンランド，アイスランドそれぞれの氷床は異なった周期の波をもつとしています．

別の刺激的な理論に，"双極気候シーソー（bipolar climate see-saw）"というアイデアがあります．この単語は，ブロッカーによる素晴らしい造語です．この理論は，グリーンランドと南極における氷床コアから得られた新しい証拠に基づいています．それは，ハインリッヒ・イベントの間に，

北半球と南半球の気候が逆位相となっていることを示すものです．つまり，北半球の気候が寒冷なとき，南極では温暖となります．このいわゆる"双極気候シーソー"は，大西洋の南北に生じる氷床の崩壊とそれによる融氷水イベントが，交互に起こることで説明されます．それぞれの融氷水イベントは，両半球における深層水形成の相対的な量と両極間での熱輸送の方向を変化させます．現在，北半球は南半球から熱を奪っており，メキシコ湾流とノルウェー海における比較的暖かい深層水の形成が維持されています．熱は，大西洋の北から南へ向かう深層水の流れによってゆっくりと戻されます．ですから，双極気候シーソーモデルは，北大西洋周辺の氷床が崩壊し，海洋に大量の氷山が流出し，融解するとしているのです．この融氷水は海洋を淡水化し，そのために海水は沈むことができなくなります．これが，北大西洋深層水循環の形成を止め，南半球から北半球への熱輸送が止まります．この結果として南半球は徐々に暖かくなります．およそ1000年以上にわたるこの熱の蓄積が，南極端の氷を崩壊させるのに十分となったとき，南極周辺の深層水形成は止まり，すべてのシステムは逆転するのです．上述したように，約1500年のダンスガード・オシュガー・サイクルは，氷期・間氷期両時期で起こっているので，間氷期に対しても同様に考えられることが，この理論のよい点です．

完新世

約1万年前に最終氷期は終わり，現在は完新世とよばれる

間氷期にあります．間氷期の間も気候は一定ではなく，完新世初頭は20世紀よりもより暖かく，湿潤であったとされています．完新世を通して，1000年スケールの気候イベント，つまり，ダンスガード・オシュガー・サイクルが存在し，それにより，局地的には2℃の寒冷化が起こりました．これらのイベントは，古代文明に多大な影響を与えた可能性があります．例えば，約4200年前の寒冷乾燥化は，多くの古代文明の崩壊と一致しています．この中には，エジプトの古代王朝，メソポタミアのアッカド帝国，ギリシャとイスラエル，アナトリアの初期青銅器文明，インドのインダス文明，アフガニスタンのヒルマンド文明，中国の紅山文化などがあります．これらの1000年スケールの気候サイクルの最後は，小氷期でした．このイベントは，実際には二つの寒冷期からなっています．最初の寒冷期は，1000年前に終了した中世の温暖期に続くものであり，しばしば中世寒冷期とよばれています．中世寒冷期は，グリーンランドにおけるノルウェーの植民地を消滅させ，欧州で飢饉と大規模な移住を引き起こしました．それは，西暦1200年以前に徐々にはじまり，西暦1650年頃に終わりました．二つ目の寒冷期は，小氷期として以前から言及されてきましたが，氷床コアや深海底堆積物中の記録に示されるように，完新世後期の北大西洋地域における最も急速で大きな変化でした．英国においては，気温は平均よりも1℃低下しました．誰もがより気温が低かったのではないかと考えています．なぜなら，凍ったテムズ川上での氷の市場を描いた美しい絵画が残っているからです．しかし，現在英国の天候がテムズ川を凍らせるほどに寒冷なもの

となることはほぼ不可能なため，これは現実的ではありません．それに，実情として，1831 年の旧ロンドン橋の解体や，1870 年代におけるエンバンクメント（堤防）建設に伴うテムズ川の直線化，大英帝国の中心である国際港の開港のための川の浚渫のため，もはやゆっくり蛇行する河川でもありません．ただし，エンバンクメントの建設により，ロンドン市民はパリ市民のように川沿いを散歩できるようになりました．

　小氷期と中世の温暖期に関する世界中の記録を検討すると，これらが北欧・北米・グリーンランドのみで起こったように見えます．つまり，小氷期は，メキシコ湾流とアイスランド北部における深層水形成における小規模な変化によって引き起こされた地域的気候の摂動でした．地球温暖化に否定的な人々の多くは，これを小氷期からの世界的回復であると主張しています．しかし，世界の大部分が小氷期とはなっていないので，何からも回復はしないのです．過去 2000 年間の地球の気温に関する復元記録は，過去 150 年間に観測された気温データとの比較において重要なものです．20 世紀と 21 世紀は，過去 2000 年間のどの時代よりも，気温が高いことは明白です．

まとめ

　この 250 万年の間，地球の気候は，巨大な氷床の前進と後退に支配されてきました．これらの氷床は，非常に厚く，わずか 2 万 1000 年前にも，北米と北欧の両方に 3.2 km もの厚

さの氷が積み重なっていました．世界の気候変化は，非常に大規模なものでした．氷期の間，世界の平均気温は今日より6°C低下し，海水準も120 m低下していました．また，大気中の二酸化炭素は3分の1に，メタンは半分に減少していました．陸上の全植物の総重量は，半分にまで減少していました．地球上の景観は，これら巨大な氷床による侵食と堆積物の蓄積によって劇的に変化しました．主要河川の流路は変わり，山々は半分に削られました．海面が低下することで大陸をつなぐ陸橋が現れ，新たな大地への種の移動が起こりました．過去250万年間の気候システムは，現在のような暖かい状態よりもむしろ寒い状態を選択してきたようにも見えます．

（＊訳注1）　付近の基盤岩石とは種類の異なる礫．
（＊訳注2）　氷河が最も伸長した際に，氷河端部に形成される堆積物．

第8章
将来の気候変化

はじめに

　将来の気候変化は，貧困軽減や環境劣化，世界的安全保障とともに，21世紀における必須課題の一つです．"気候変化"は，もはや科学的関心事としてだけの問題ではなく，少し例を挙げるなら経済学や社会学，地政学，国家もしくは地方政治，法律，健康などに関連した問題でもあります．この章では，人為的気候変化とは何であるのか，そして，地球規模の気候システムが変化しはじめている証拠について，簡潔に検討します．また，なぜ気候システムの変化が予測不可能な気象パターンや嵐，洪水，熱波，干ばつなどの極端な気象イベントの頻度増加などを引き起こすのか説明します．詳細については，『Global Warming：A Very Short Introduction』(Oxford University Press) を参照するとよいでしょう．

人為的気候変化

　人類が，大気中の温室効果ガス濃度を変化させてきたという強固な証拠があります．大気中の二酸化炭素濃度のはじめての直接的な観測は，1958年にはじまりました．それは，局地的汚染の影響がない，標高4000 mのハワイ島マウナロア山の山頂でした．より過去の情報を知るために，グリーンランドと南極氷床から採取された氷柱の気泡の分析も行われてきました．これらの氷柱の長期的記録は，産業革命以前における二酸化炭素濃度が280 ppmv（parts per million by volume：体積百万分率）であったことを示しています．1958年には，二酸化炭素濃度はすでに316 ppmvとなり，2013年6月まで濃度は毎年上昇し，400 ppmvに達しました．数十万年を要した大氷河時代の自然の氷河の消長に伴い生じてきた二酸化炭素濃度の変化よりも大きな汚染を，人類はわずか1世紀の間で引き起こしてきました．残念なことに，この大気中の二酸化炭素濃度の増加量は，私たちが現在生成する量の半分にすぎません．残り半分のうち，その半分は海洋により吸収され，残りは陸上生物圏により吸収されています．科学者がもつ大きな懸念の一つに，この自然界による吸収が将来的に減少し，さらに悪い状況をつくり出すかもしれないということが挙げられます．

　2007年のIPCC報告書によれば，過去150年間における温室効果ガスの増加（第2章）は，すでに気候に大きな変化を

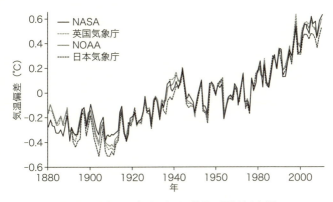

図36 過去120年間における世界の平均地上気温

もたらしていることを示しています．具体的には，地球平均気温の0.75℃の上昇や22 cmを超える海面上昇，気象パターンの変化を伴う季節性や降水強度の有意な変化や北極海氷と周辺の大陸氷河の顕著な後退などが挙げられます．米国の航空宇宙局（NASA）・海洋大気局（NOAA），英国気象庁と日本気象庁によれば，過去150年の中で最近10年間は，記録上最も暑かったとされています（図36）．2007年のIPCC報告書は，気候変動の証拠が明白であり，高い確信をもって人間活動によるものであると述べています．この見解は，王立協会（Royal Society）や米国科学振興協会（AAAS）を含む非常に多くの専門機関によって支持されています．

証拠の重み

未来の気候変動を理解することは，科学の取り組み方や

"証拠の重み"の原則を理解することです．科学は，思考と理論を検証するための詳細な観測と実験によって，つねに前進しています．この30年の間，気候変化の理論は，科学的に最も包括的な検証がされた考えの一つであったに違いありません．はじめに，先に述べたように，大気中における温室効果ガスの上昇が追跡されてきました．二つめに，実験室や大気の測定を通じて，これらのガスが実際に熱を吸収することを知りました．三つめに，最近1世紀間の顕著な世界気温の変化と海面上昇が調査されました．四つめに，北極・南極周辺における海氷の縮小や全大陸上の山岳氷河の後退，活動層厚の増大とともに生じている永久凍土層域の減少といった，気候に関連する地球システムの自然変化が分析されてきました．1693年以降に収集されたフィンランド・トルニオ川における凍結記録は，春季の凍った川の融解が，現在は1か月早く起こっていることを示しています．五つめに，気象記録が調査され，著しい変化が確認されてきました．近年において，大規模な嵐や，それに続く洪水は，中国，イタリア，英国，韓国，バングラデシュ，ベネズエラ，パキスタン，オーストラリア，モザンビークなどを襲っています．これらの記録は，スン・キミン博士とカナダにいる彼の同僚によって2011年に雑誌『Nature』に掲載された北半球の全降水記録の編纂資料によって示されており，過去60年間に降水強度が顕著に強まっていることが示されています．さらにいえば，英国において，2000年から2001年にかけての冬は18世紀に記録がはじまって以来，最も湿潤な6か月でした．また，2008年8月は，記録上最も湿潤な8月でした．そし

て，2012年の4〜6月は記録上最も湿潤な春でした．また，鳥が35年前よりも12±4日早く巣づくりをすることが英国市民によって集められたデータによって示されました．六つめに，太陽黒点や火山噴火を含む自然の気候変化による影響が分析されており，これらは，過去150年の気温変化パターンを理解するために重要ですが，全体における温暖化傾向を説明することはできていません．そして，最後に，より長い期間の過去の気候変化と温室効果ガスの気候を調節する役割が理解されています．

クライメートゲート事件

すべての証拠にもかかわらず，将来の気候変化に関する議論は強い反応を引き起こします．一つには，私たちが状況を改善しなければならない変化の多くが，西欧で推し進める現在の新自由主義市場に反するように見えるからです．それはまた，メディアや市民，政治家による科学への基本的誤解によるものです．このことは，ヘンダーソンの著書『ギーク・マニフェスト』（Geek Manifesto）において美しく論じられています．メディアにより報道された"クライメートゲート事件"やほかの想定される気候変化の隠ぺいは，この誤解のよい例です．科学というものは，一つの信念体系ではないので，私たちの命を守るような抗生物質を信じることや，金属管に羽がついたものが大西洋を安全に横断できることを確信できないだけでなく，喫煙がガンを引き起こすことや，HIVがAIDSを引き起こすこと，温室効果ガスが地球温暖化を引

き起こすことさえ否定することがあります．これは，科学が，証拠の収集と蓄積に基づく，自己修正式の合理的方法論だからです．この方法論は，私たちの社会の基盤そのものです．クライメートゲート事件の場合，ハッキングにより，イーストアングリア大学の気候研究ユニットから数千ものメールや文章が，2009年11月に不正に公開されました．そのメールにより，気候科学コミュニティ内部での不正行為が明らかにされていると主張されています．その不正というものは，現状よりも強い地球温暖化を主張するような，科学情報の保留や出版される論文の阻止，生データの削除，データの市場操作を含んでいます．三つの独立した調査により，科学的不正行為の証拠がないという結論が下りました．しかし，当時すべてのメディア解説者が見逃していたことは，NOAAとNASAといった二つの主要なグループが異なる生データセットを用い，異なる統計的アプローチをとり，イーストアングリア大学グループとまったく同じ結論を導いていたことでした．このことは，物理学者であり以前は気候変化懐疑論者でもあったリチャード・ミュラー（Richard Muller）とバークレー大学のグループにより，2012年にさらに後押しされました．そのとき，彼らは過去200年間の全球における気温記録を公開し，ミュラーが考えを改め，気候変化は人間活動により生じていることを公表したのです．

　図37は，最近2000年間の地球気温を示す複数のデータセットの合成図です．これらが異なるのは自明のことですが，すべてのデータそれぞれが非常に似通った傾向を示し

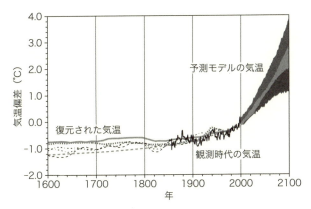

図37 過去から未来の世界の平均地上気温

ており,20世紀は最近2000年においてほかのどの期間よりも温暖であることを示しています.

イーストアングリア大学グループと関連の気候学者が,生データを改ざんしたといった告発もありました.correct（修正）,trick（計略）,tweak（調整）,manipulate（巧みな操作）,a line（ある方向）とcorrelate（相互関係）といった科学者が用いる不親切な用語は,もちろんこれを後押ししました.しかし,とくに長期間の気温記録をつくろうとし,気温を測定する方法がその期間内において変わってきたとしたら,一部の生データは,ほかのデータとの比較を可能にするために加工する必要があります.最も明確な例は海水温の測定であり,これは,1941年までの方法は,バケツでデッキに汲み上げた海水を用いていました.初期のころは,これらのバケツは木製であり,1856〜1910年の期間に,布製バケ

ツへと変わりました．この機材の変化は，デッキに汲み上げた際の蒸発による冷却の程度に影響を与えました．そのうえ，この期間を通して，帆船から汽船への段階的な変化があり，これらは，デッキの高さと船のスピードに変化をもたらしました．これら両方は，バケツの冷却による蒸発に影響を与えます．1941 年以降，ふたたび別の方法へと変わり，多くの海水温の測定は，船のエンジンの取水口で行われるようになりました．もし科学者が，単純にすべての生データをつなげただけであれば，それはもちろん間違っています．さらに，この場合，過去の海面水温測定が補正なしでは冷たすぎるので，海洋の地球温暖化を実際よりもより大きなものに見せます．それゆえに，一定のデータ検査と修正は，科学のすべての部分においてきわめて重要です．しかし，最も重要なことは，その結果を再現できるか否かです．それぞれの研究グループが示す変化の証拠には重みがあるのでしょうか？このことが，気候変化に対する過去 30 年以上にわたる集中的調査の後，ほとんどの科学者が，"気候には変化が生じており，人間活動によるものである"というとても高いレベルでの信頼性をもつ理由なのです．

気候変化とその影響

　第 3 章において，科学者が気候や未来の気候変化をモデリングする方法を見てきました．すべての大気大循環モデルの全体像は，IPCC 報告書において示されています．2007 年の報告書では，2100 年までに地球の平均気温は，1.1〜6.4℃の

間で上昇し,最適な推定値として 1.8〜4℃ までが示されています.気候がどの程度温暖化するかに対して最も大きな影響を与えるのは,二酸化炭素の排出量であり,どのようなシナリオが使われるかによっています.温室効果ガスの排出量の増加がより早く,濃度が高くなればなるほど,世界はより暑くなるでしょう.世界的な不況にもかかわらず,二酸化炭素は IPCC の排出シナリオにある最も酷い現状発展型 (business as usual) 排出シナリオと同様に早く上昇しています.モデルはまた,世界的に平均海面高度が 18〜59 cm 上昇することを予測しています.もしグリーンランドと南極大陸の融水が含まれるならば,この幅は 2100 年までに 28〜79 cm にまで上昇します.このようなすべての予測は,全球的な気温と氷床の消失の間に継続的線型応答を仮定しています.こうした応答はありそうもなく,海面上昇はより大きくなり得ます.2013 年に,新しい IPCC 報告書が出版されました.そこでは,より現実的な未来における二酸化炭素排出シナリオが用いられています.この報告書は,2007 年に出した結論と非常に似通った内容となっています.

気候変化の影響は,地球の気温上昇とともに顕著に増大します.洪水や干ばつ,熱波,嵐の頻度や厳しさは増すでしょう.海面上昇は洪水や嵐による高潮の影響を増すことになるので,沿岸の都市や町は,とくに脆弱となります.2009 年に医学雑誌『Lancet』に掲載されたロンドン大学による学際的研究によると,気候変化による健康への重大な脅威は水・食料安全保障の低下によるもので,10 億人の人々に影響を

及ぼすことが示されています．気候変化は，現在でさえ失われている生物多様性にも脅威を与えます．生態系は，生息域の喪失や都市化，汚染や狩猟によって，すでに広域にわたり劣化しています．2007年の「ミレニアム生態系評価」報告は，1時間あたり既知の三つの種が絶滅に瀕しているとしています．一方，2008年の"生きている地球指数（Living Planet Index）"によれば，世界の脊椎動物の多様性がわずか35年間に3分の1以上減り，現在，地質年代で知られているどんな絶滅率よりも1万倍速いことになります．王立協会のエクセレント2012『人類と地球』（People and the Planet）は，たんに人口増加だけでなく，より重要なのは，世界中で消費が途方もなく上昇し続けることが環境に対して非常に大きな影響を与え，これがどれほど悪化するのかまとめています．もちろん，この環境劣化のすべてを，気候変化は悪化させます．

"安全な"気候変化の程度とは？

それでは，どの程度の気候変化であれば"安全"といえるのでしょうか？ 2005年2月，英国政府は，まさにこの議題を議論するために，エクセターで国際的科学会議を開催しました．これを行ったのは当時の首相トニー・ブレア氏であり，英国で開催されたその年のG8首脳会議での政治的課題となるものでした．これらの会議では，地球温暖化を産業革命以前の平均気温に比べ，最大で2℃の上昇に抑えることが望ましいとされました．この閾値未満の場合には，影響の良し悪しは地域的気候変化により異なりますが，これを上回れ

ば誰もが被害を受けるようです．しかし，これは，まったく政治的な考え方です．なぜなら，もし土地の低い太平洋の島々に暮らしているなら，2℃の上昇に達するまでにすべての土地が水浸しになるかもしれないからです．一方，気候に関する新しい条約締結の失敗に伴い，今や気温上昇はこの値さえ上回る可能性が高いように見えます．今のところ，"現状発展型"排出シナリオでは，2050年よりかなり前に2℃の上昇に直面するでしょう．これは驚くことではなく，国際エネルギー機関で予測されているように，次の20年で化石エネルギー使用は石油が30％，石炭が50％，天然ガスが40％増加します．『気候変動の経済学（2006）』(The Economics of Climate Change) 通称スターン・レビューでは，世界的な温室効果ガスの削減と気候変化の影響に適応することを確実にするために，私たちができることすべてを行うのであれば，世界のGDPを毎年1％使えばよいとしています．しかし，もし何もしないなら，気候変化による影響は世界のGDPで毎年5〜20％となります．これらの数字は議論となってきました．一部の専門家は，世界における排出量増加が最悪の予想よりも早いので，低炭素排出経済への世界的転換コストが，GDPの1％を上回る可能性を主張してきました．これに応え，ニコラス・スターン卿（Sir Nicolas Stern）は，最近，この数値を世界のGDPの2％へと修正しました．別の専門家は，地域的炭素排出権の取引でコストを抑制することができると主張しています．その他にも，IPCCとスターン・レビューで地球温暖化の影響とその関連コストが，過小評価されてきたとの指摘もあります．しかし，たとえ地球温

暖化解決の費用対効果がスターン・レビューによる効果よりも小さいとしても,そうしなければ生じる何千万もの人々の死や,何十億人にも及ぶ悲劇の増加を防ぐという,明白な倫理的実情があります.

　気候変化に関する新しい条約の締結がまったく進まないにもかかわらず,真剣にこれらの報告を受け止める国や地域があります.英国は,長期間の法的拘束力のある気候変動法(Climate Change Act)を施行しています.この法律は,1990年に比較して温室効果ガス排出を少なくとも80％削減するという政府目標を確実なものとするための法的枠組みを与えています.2012年春,英国は,2050年までに50％の排出削減を行うとする自国の気候変動法を制定したメキシコと協力関係を結びました.EUの全加盟国は,2020年までの20：20：20政策達成に同意しています.これは,温室効果ガス排出量の20％を削減し,エネルギー効率を20％増加させ,全エネルギーの20％を再生可能エネルギーとすることを目指すものです.

まとめ

　2030年までには,世界の食料とエネルギー需要が50％増加し,水需要が30％増加します.これは,一部には世界的な人口増加によるものですが,大部分は収入のより少ない国々の急速な開発によるものです.これに,水・食料安全保障を直接的に脅かす気候変動の影響の増大が加わり,"パー

フェクト・ストーム（複数の厄災が同時に起こること）"が起こると英国政府主席科学顧問ジョン・ベディントン卿(Sir John Beddington) は指摘しています（図38）．したがって，気候変化と持続可能なエネルギーは，21世紀の科学的重要課題です．20世紀の間に，すでに地球平均気温が0.75℃上昇し，海水準が22 cm 上昇しているという明確な気候変化の証拠があります．IPCC は，2100年までの地球平均気温が，1.8〜4.0℃までの間で上昇し得ると予測し，この幅は，温室効果ガスが今後90年間でどの程度排出されるかという不確実性によっています．海水準は，28〜79 cm の間で

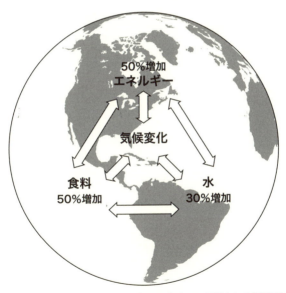

図38 パーフェクト・ストーム（2030年までに予測される需要増加）

第8章 将来の気候変化

上昇するとされており，もしグリーンランドと南極の氷床融解が加速するなら，より高くなるでしょう．これに加え，気象パターンが，より予測しづらいものとなり，暴風雨や洪水，熱波，干ばつのような極端な気候現象が，より頻繁に発生します．次の章では，気候を安定化させるために私たちがもつさまざまな選択肢を紹介します．

第9章
気候変化の抑制

はじめに

　将来における，気候変化の最悪の影響を避けるために最も賢明な取り組みは，温室効果ガスを減らすことです．科学者たちは，その最悪の影響を避けるためには，今世紀中頃までに二酸化炭素排出量を50％から80％減らす必要があると考えています．しかし，多くの人々は，化石燃料の使用量を大幅に削減する費用が，世界経済に深刻な影響を及ぼすと主張しています．そのことは，地球規模の貧困の緩和と，迅速な開発を妨げるでしょう．世界の800万人の子どもたちが毎年命を失い，8億人が毎晩空腹のままに床につき，10億人がいまだにきれいで安全な飲料水を日常的に得る手段をもっていないのです．現状維持型の排出シナリオのもとでは，少なくとも2100年までには4℃の温暖化に直面し，それが災害を

招き，影響は社会の，まさに貧困者に不平等に降りかかる可能性が十分にあります．この章では，気候を安定化し得る三つの主要な方法を見ていきます．一つめは，"緩和"，もしくは私たちが排出する二酸化炭素量の削減です．二つめは，排出源もしくは大気中からの二酸化炭素の除去です．三つめは，地球が吸収する太陽放射量を減らすための技術を使用して，惑星を冷やすことです．

緩　和

化石燃料消費の現在の傾向を見ると（図39），2050年までに世界的な二酸化炭素排出量を少なくとも50％まで，今世紀末までには80％まで削減するという考えは，夢物語のように思えるかもしれません．しかし，プリンストン大学のスティーブ・パカラ（Steve Pacala）とロバート・ソコロウ（Robert Socolow）は，この課題をより達成可能なものとするために，雑誌『Science』に非常に有力な論文を発表しました．彼らは，現状維持型の排出シナリオと，望ましい450 ppmvシナリオを選び，二つのシナリオ間の違いを複数の"楔(くさび)"として表現しました．一つの大きな克服しがたい問題として捉えるのではなく，現実的に中規模な変化の集まりとして大きな変化を捉えるのです．彼らは，毎年約1 GtC（ギガ炭素トン；炭素換算10億トン）を削減するという，この中規模な変化を"楔"と称し，例を挙げています．例えば，ある楔は，20億台の自動車の燃費を約12.8 km/Lから約25.5 km/Lへと2倍にすることです．これは，すでに開発

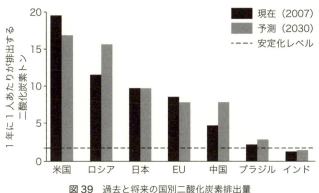

図 39 過去と将来の国別二酸化炭素排出量

されているファミリーカーの燃費が，約 42.5 km/L にあっさり到達していることを考えれば，実際に十分に達成できる目標です．

　たんにエネルギー効率を改善することも楔です．現在，カリフォルニア州の平均的な家庭で使われるエネルギー量は，米国の平均的な家庭の半分です．そして，デンマークの平均的な家庭で使われるエネルギーは，カリフォルニア州の家庭の半分となっています．つまり，先進国内では，すでにエネルギー効率の向上によってまさに莫大な節約がなされている国があります．もし産業部門と事業所部門がエネルギー使用量を減らせば，ランニングコストを大幅に削減することができます．しかし，これらの部門では，現在のエネルギーが信じられないほど低価格であるため，差し迫った優先課題とはなっていません．いずれにしても，残念なことに，おそら

く，これらの部門が行ったどんな効率性の向上も，結局は生産の増加に取り込まれ，エネルギー使用レベルはそれに伴って増加することになりそうです．例えば，20億台の車の効率を倍にしても，さらに生産が20億台増加すれば，この効率性の向上は帳消しになってしまいます．そのため，二酸化炭素排出量を削減するための最も重要な点は，クリーンエネルギー，もしくはカーボンフリーのエネルギーにあると論じられています．これについては次の節で見ていきます．

代替エネルギー

　エネルギー供給への化石燃料利用は素晴らしい発見であり，歴史上のどの時代よりも早い発展を可能にしました．先進国の高い生活水準は，安価で比較的安全な化石燃料の使用に基づいています．しかし，残念なことに，化石燃料を燃やすことが世界的な気候を変えるという予想外の結果をもたらしてきたことを，私たちは知ってしまいました．化石燃料を燃やすことは，何百万年も前に閉じ込められた太陽エネルギーを追加して放出することになるからです．過去の気候の中で得られたエネルギーを利用するのではなく，現在の気候システムから得られるエネルギーの利用へと切り替える必要があります．これらには，太陽，風力，水力，波力，潮力があります．再生可能エネルギー資源への転換には別の理由もあります．一つは，石油供給がピークに達し，現在，世界中で化石燃料が枯渇しつつあるという懸念です．これは，高品質のものが数百年間分ほどあるにもかかわらず，石炭にも当

てはまる可能性があります．もう一つは，21世紀において，世界の国々が"エネルギー安全保障"にかなり敏感になっていることです．それは，ほとんどの先進国経済が輸入化石燃料に大きく依存しており，市場の不安定さと国際的な脅迫に対して，とても脆弱なものになっているからです．

おもな代替エネルギー源に関する現在の議論の概略を，次項以降に示します．特定の代替エネルギー資源が，特定の国にどの程度あるかはすぐにわかります．例えば，英国は欧州全体で最大の風力資源をもっている一方で，サウジアラビアにはソーラーパワーを提供するすぐれた環境があります．代替エネルギー源のほとんどすべてが気候システムを利用します．

太陽エネルギー

第1章では，地球が太陽から平均 $343\ W/m^2$ のエネルギーをどのように受け取るのか，また地球全体が受け取るのは太陽の生み出す全エネルギーの20億分の1にすぎないことを話題に取り上げました．いろいろな意味で，太陽は究極のエネルギー源であり，植物は何十億年にもわたって利用してきました．現在，太陽エネルギーを直接熱や電気に変え，バイオ燃料の原料が生育する際の光合成を通してエネルギーを得ることができます．最も簡単な手段は"太陽熱暖房"です．小規模なものでは，日当たりのよい地域の家屋や建物の屋根に，太陽熱暖房パネルを取りつけることができます．そして，この熱で水を加熱すると，カーボンフリーの熱いシャ

ワーや風呂に入ることができます．大規模なものでは，放物面鏡を使い，太陽光を集中させます．そして，水や油を加熱して，電気をつくるタービンを回します．ソーラー・システム・プラント設置に最適な建設場所は，曇天日が1年を通じてきわめて少ない低緯度砂漠です．カリフォルニアでは1980年代からソーラー・システム・プラントが建設され，利用されています．現在では，ほかの多くの国々でも建設され，利用されています．太陽光起電性パネル，太陽光パネルといったものは，太陽光を直接電気に変えます．太陽光が太陽光パネルに当たると，内部の電子が飛び出し，電流をつくり出します．太陽光パネルのおもな長所は，エネルギーを必要とする場所に設置でき，通常は周囲の配電のために必要な複雑な設備がいらないところにあります．最近10年で，これらの効率性は大きく上がり，市販されている最もよい太陽光パネルは，約21%の高効率であり，約1%の光合成と比較しても大きいものとなっています．技術への莫大な投資により，太陽光パネルの価格はかなり下がってきました．

バイオ燃料

　バイオ燃料は，光合成による太陽エネルギーの植物バイオマスへの変換によって生成され，液体燃料として用いられます．現在，グローバル経済，とくに輸送部門は，液体化石燃料に支えられています．そのため，短期間に植物からつくられる燃料は，自動車，船舶，航空機に動力を供給する中間的な低炭素方策としての可能性があります．問題は，バイオ燃料の生産が食料生産と競合する可能性があることです．事

実，2008年と2011年の食料品価格の高騰は，当初バイオ燃料生産によるものだとされました．しかし，ニューイングランド複雑系研究所（New England Complex Systems Institute）の分析によると，50%を超えるこれらの大きな価格上昇は，実際には金融市場における食料品価格の投機によるものでした．

電気はカーボンニュートラルであることが保証されているので，やはり電気自動車には未来があります．しかし，これは飛行機の代替の選択肢とはなりません．従来の航空機燃料は，相対的に軽量で高いエネルギー出力の灯油です．灯油に代わる十分に軽量で，高出力のバイオ燃料を生成する研究が行われています．

風　力

風力タービンは，十分に大きなもので，遠洋に置くことができるようであれば，電気をつくる効率的な手段の一つです．理想的には，最大限の効率を発揮するために，タービンを自由の女神サイズにする必要があります．例えば，テムズ川の入り江にはロンドン・アレイが建設され，1000 MW（メガワット）の電気をつくり，世界最大の洋上風力発電所となっています．ロンドン大都市圏の4分の1にあたる最大75万世帯に電気を供給することができ，年間140万トンの有害な二酸化炭素の排出を減らすことができます．

風力タービンにも問題があります．一つは，風が吹かない

と電気がつくられないので，恒常的に電気を供給できません．また，風力タービンが不恰好で騒音も大きく，周囲の自然環境への影響が懸念されることから，住民は設置を嫌います．これらすべての問題は，風力発電所を洋上のような遠隔地や，特別な科学的もしくは自然的関心がもたれる地域から離れた場所に配置することで，容易に克服できます．ある研究によれば，風は原理上 12 万 5000 TW（テラワット）/時を超える電気を生成できるとされています．

波と潮汐エネルギー

　波と潮汐のエネルギーは将来には有望なエネルギー源となる可能性があります．この理解は単純で，波というかたちで海洋に存在する連続的運動を電気に変えるというものです．言うのは簡単ですが，その分野の専門家に言わせると，波力技術は現在，約 20 年前の太陽光パネル技術と同じところにあり，多くの遅れを取り戻す必要があります．しかし，とくに潮力には，太陽や風力に勝る重要な利点があります．それは，潮力が一定であるということです．どの国においても，維持すべきエネルギー供給に関しては，生成量の少なくとも 20％が保証されなければなりません．これが"ベースライン"といわれるものです．代替エネルギーへの転換には，この一定のベースライン水準を確実にする，新しいエネルギー源を開発する必要があります．

水　力

　水力発電力は，世界的に重要なエネルギー源です．2010

年では，世界のエネルギーの5％が水力発電により供給されています．その電力の大部分は，巨大なダム・プロジェクトによるものです．これらのプロジェクトは重要な倫理的問題を起こす可能性があります．それは，ダム上流の土地が広域にわたって水没し，住民の移住や周囲の環境破壊を引き起こす原因となるからです．ダムは河川の水流も弱め，それが下流地域における栄養分に富んだシルトの堆積に影響を与えます．河川が国境と交わる場合には，水とシルトに対する権利に潜在的な問題が生じます．例えば，バングラデシュが徐々に沈んでいる理由の一つとしてシルト不足があり，それはインドの主要河川のダムに起因しているのです．水力発電所が，どの程度温室効果ガスを削減するのかという議論もあります．たとえ電気の生成が二酸化炭素の排出を伴わないとしても，ダム背後の水没地域で植物が腐り，かなりの量のメタンを放出するからです．

気候によらない別の代替エネルギーや低炭素エネルギーもあります．万全を期すために，以下でこれらについて簡単に見ていきます．

地熱エネルギー

足元の，地球内部の深い所には熱い溶岩があります．例えば，アイスランドやケニアのようないくつかの場所では，この溶岩が地表のごく近くまで来ており，水を加熱して蒸気をつくることができます．これはカーボンフリーなすぐれたエネルギー源といえます．なぜなら，蒸気から得られる電力

は，高温の岩石中の水を汲み出すために利用できるからです．残念なことに，このエネルギー源は地勢による制限を受けます．ですが，この地熱を利用するもう一つの方法があります．すべての新築建物では，掘削孔（土地を掘ってできた穴）を開け，地下にヒートポンプをつくることができます．このシステムでは，掘削孔に送られた冷水が地熱によって暖められ，水を加熱する経費を削減することができます．そして，この技術は世界のほとんどで利用することができます．

核分裂

　ウランのような重い原子を分裂させる，いわゆる核分裂によってエネルギーを得ることが可能です．直接的には二酸化炭素の発生は非常に抑えられますが，ウランを採掘したり，後に発電所を廃炉したりすることを考えると，かなりの量の二酸化炭素が排出されることになります．現在，世界のエネルギーの5％は，原子力によるものです．90％近い発電効率水準をもち，原子力発電所の新設はきわめて効果的です．おもな原子力のデメリットは，高レベル放射性廃棄物の生成と，安全性の問題です．しかし，効率性の改善は廃棄物を減らしてきており，新たな原子力発電所には，最高水準の安全対策が施されています．原子力の長所は，頼りになり，エネルギーミックスにおいて要求されるベースラインが提供できることにあります．さらに，すぐに実施可能な技術であり，すでに十分な試験がされています．

核融合

　核融合では,二つのより小さな原子が融合するときにエネルギーが発生します.これは,太陽や別の恒星で起こっていることで,地球上では,海水にある重水素を融合し,非放射性の気体ヘリウムだけを排出物とするという考え方です.もちろん,それら二つの原子の融合を促すことに問題があります.原子に信じられないほどの高温・高圧状態をかけることによって,太陽は核融合を行っています.英国の欧州トーラス共同研究施設(JET)プロジェクトによっていくらか進展があり,16 MWの核融合エネルギーが生成されました.問題は,最初の段階で,超高温状態を生み出すのに必要なエネルギー量と,発電所レベルにまで生成を拡大することの難しさにあります.

二酸化炭素の除去

　"気候工学(ジオエンジニアリング)"は,大気中の温室効果ガスを除去したり,気候を変えたりするために用いられる技術一般に対する用語です(図40).気候工学のもとで考案される発想は,かなり賢明なものから全くバカバカしいものまであります.現在,1年につき8.5 GtCの温室効果ガスが排出されているため,どの対策もかなり大規模に行わなければなりません.この節では,大気中の二酸化炭素の除去と処理について見ていきます.おもに,生物学的,自然科学的,化学的な三つのアプローチがあります.

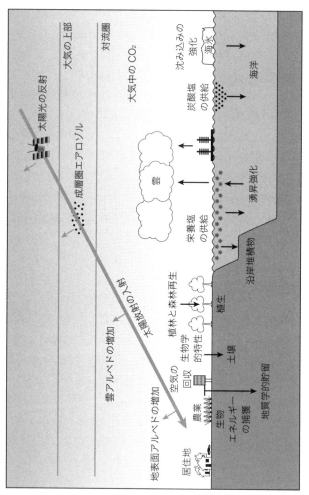

図40 気候工学の概要

生物学的炭素除去

　すでに述べたバイオ燃料と森林再生は，炭素除去のための生物学的手段です．森林再生や緑化，森林伐採の回避は，理にかなった相互利益となる解決策です．森林を維持することにより，生物多様性を維持し，土壌と地域の降水量を安定させ，炭素クレジット（取引可能な温室効果ガスの削減・吸収量の証明）によって地元住民の生計を提供することができます．すぐれた事例が中国に見られます．少なくとも最近3000年間，中国の小麦地帯であった黄土高原は，1990年までにダストボウル（黄塵地帯）へと変化しました．森林再生と土壌の過度な利用により肥沃度は低下しはじめ，そのため農民はさらに樹木を伐採し，生きるために十分な食料が生産できる土地をさらに開墾してきました．中国政府はこの問題に気づき，それ以後10年間，徹底的な植林事業を推進し，樹木伐採で逮捕された者を厳罰に処しました．その効果は驚くべきもので，樹木が土壌を安定させ，土壌浸食を大いに防ぎました．樹木は蒸散を通じて大気に水蒸気を供給し，蒸発と水損失を減らしました．いったん森林が臨界の大きさと面積に達すると，降水量も安定しはじめました．第8章で述べたように，陸域生物圏は，人間が排出した二酸化炭素のうち，年2 GtCをすでに吸収しています．パカラとソコロウは，もし世界的な森林伐採を完全に止め，現在の倍の割合で植林をすれば，森林再生を行うことによるすべての相互利益によって，年1 GtCを削減する別の楔をつくり出すことができると試算しています．英国の森林委員会は，2050年までに森林地帯を12%から16%まで増やすことを提案していま

す．これは，2050年までに二酸化炭素排出量を80％削減するという政府目標が70％になることを意味しており，森林に二酸化炭素吸収と貯留をお願いしているわけです．

　二つめの生物学的手段は，海洋による二酸化炭素の吸収量を変化させることです．最も有名な海洋の"テクノフィックス（technofix：技術による固定）"は，ジョーン・マーチン（John Martin）によって提案されました．彼は，世界の海洋の多くが生産不十分の状態にあることを示しました．これは，海洋表層の植物を成長させるために不可欠な微量栄養素のうち，最も重要な鉄が不足しているためです．海草が必要とする鉄はわずかな量ですが，それなしには成長することができません．ほとんどの海洋では，豊富な鉄塵が陸地から吹き込みますが，太平洋と南氷洋の広い海域では，十分な量の塵を受け取っておらず，鉄に乏しいようです．そこで，海洋の生産性を上げるために，鉄で海洋を肥沃にすることが提案されています．光合成が活発になった分，より多くの海洋表層中の二酸化炭素が有機物に変わるでしょう．さらに，生物が死ぬときには，炭素を取り込んだ有機物が海底へと沈み，余分な炭素が貯蔵されます．表層中の二酸化炭素が減少した分，大気から二酸化炭素が補充されます．つまり，世界の海洋を肥沃にすることが，大気中の二酸化炭素を取り除き，深海堆積物中に貯蔵することにつながるのです．海での実験は，まったく効果がないことを示すものもあれば，莫大な量の鉄が必要となることを示すものもあり，非常に多様な結果を示しています．また，鉄の追加供給を止めると，すぐに貯

蔵された二酸化炭素のほとんどが放出されます．それは，1年にほんの少しの有機物しか透光層（光合成を行うのに必要な太陽光を受け取る海表面に十分に近い海洋層）から下に沈殿しないためです．

物理的除去

工業プロセスによる二酸化炭素除去は，たんに二酸化炭素を除去するだけでなく，安全に貯蔵しなければならないため，慎重を要し，高くつきます．除去と貯蔵の経費は，二酸化炭素1トンにつき10～50ドルの間におさめられる可能性があります．これは，発電コストを15～100％増加させるかもしれません．しかし，純度の高い，安価で豊富な石炭供給という要因を背景として，二酸化炭素の回収と貯留（CCS）は，世界中の政府が最も大きな期待を寄せているものの一つです．CCSを効率的に行い，また，手ごろな価格水準にするために，より多くの研究が必要とされています．しかし，CCSでない石炭もしくはガスで生産した電気が，つねにCCSよりも安価であることが問題となるでしょう．そのため，CCSの使用や代替エネルギー生産への切り替え義務を，企業に課する法律が必要となります．例えば，欧州連合（EU）の排出権取引の枠組み（ETS）である"キャップ・アンド・トレード"システムには，大量のエネルギーを生産もしくは使用するすべての企業の参加が要求されており，2020年までのEU全体の排出量削減に役立っています．

別の解決方法は，大気から直接二酸化炭素を除去すること

です．二酸化炭素が大気中にたった 0.04％しかないことを考えると，これは思ったより非常に難しいことです．変わったアイデアの一つに，人工木もしくはプラスチック木があります．理論物理学者クラウス・ラックナー（Klaus Lackner）とエンジニアのアレン・ライト（Allen Wright）は，気候学者ウォーレス・ブロッカーの支援を受け，大気から二酸化炭素を除去する二酸化炭素結合プラスチックを考案しました．提案されたシステムでは，プラスチックから二酸化炭素が取り出され，貯蔵場所へ運ばれます．このプラスチックは濡れると，二酸化炭素を溶液に放出するので，第一の問題は水でした．これは，そのプラスチックの木を，非常に乾燥した地域に置かれなければならないか，もしくは降水からそれらを保護するために巨大な傘が必要になることを意味します．第二の問題は，設置および運用と，二酸化炭素を貯蔵するために必要となるエネルギー量にあります．第三の問題に，規模があります．つまり，米国の炭素排出量を処理するためには，数千万もの巨大な人工の木々が必要となります．ラジオでこの方法を議論したとき，私はたんに，ふつうの木々を植えてもよいのではないかと紳士的に提案しました．

しかし，もしプラスチックの木が解決策でないのなら，排出源もしくは大気から最終的に二酸化炭素を除去する別のかたちの技術が必要となるでしょう．

風化作用

　風化作用のプロセスを通して，何百年，何千年にわたり，二酸化炭素は大気中から自然に除去されています．このプロセスは，第6章で大気中からの二酸化炭素除去において，ヒマラヤ山脈の隆起が果たした役割を議論した際に示したものです．大気中の二酸化炭素（CO_2）は，次の式のようにケイ素（シリカ）と直接反応します．

$$CaSiO_3 + CO_2 \longrightarrow CaCO_3 + SiO_2$$

　これは，年 0.1 GtC 未満の二酸化炭素を除去するきわめてゆっくりとしたプロセスで，その量は私たちが放出する二酸化炭素の 100 分の 1 に当たります．もう一つのプロセスは，次の式のように弱酸性の炭酸をつくる雨水と二酸化炭素の結合によるものです．

$$CaSiO_3 + 2\,CO_2 + H_2O \longrightarrow Ca^{2+} + 2\,HCO_3^- + SiO_2$$

炭酸水による炭酸塩岩の風化作用は二酸化炭素を大気中に戻すので，ケイ酸塩鉱物の風化作用だけが大気中の二酸化炭素濃度に変化をもたらします．ケイ酸塩鉱物に影響を与える加水分解反応の副産物は，生物源炭酸塩（HCO_3^-）で，海洋プランクトンによって代謝され，炭酸カルシウムへと変化します．海洋生物相の炭酸塩殻は，最終的には深海堆積物として堆積します．そのため，それらが堆積する海洋地殻のライフサイクルの中で，生物地球化学的な炭素循環から失われます．

これらの自然の風化作用の反応を高めることを目的に，気候工学的提案がされています．その一つに，農業に使われる土壌へのケイ酸塩鉱物の追加があります．これは，大気中の二酸化炭素を除去し，炭酸塩鉱物と生物源炭酸塩を溶液中に固定します．しかし，これを行うための規模は非常に大きく，土壌とそれらの生産力に対する効果は未知です．別の提案は，地殻における玄武岩，カンラン岩と二酸化炭素との反応速度を高めることです．濃縮した二酸化炭素を地中に注入し，深部に炭酸塩岩をつくります．この場合もやはり，多くの気候工学的提案と同様に重要な示唆ではありますが，必要とする規模が実行可能で，安全かつ最善であるかを確かめる研究はほとんどされていません．

貯　留

　回収されたすべての二酸化炭素が貯留されるわけではありません．例えば，いくらかは原油の二次回収や食品産業，化学製品製造（ソーダ灰，尿素，メタノール），金属加工業に利用されるかもしれません．二酸化炭素は，建設用材，溶媒，洗浄化合物，包装の生産や排水処理に適用することもできます．しかし，実際には，産業プロセスから得た二酸化炭素のほとんどは貯留すべきものです．理論的には，世界の原油・ガス全量の燃焼から生じる二酸化炭素の3分の2は，対応する貯留層に貯留可能であると見積もられています．別の推定では，天然ガス田単独で90〜400 Gt（ギガトン），帯水層でさらに90 Gtの貯留ができるとしています．

海洋も，二酸化炭素の処理に利用できます．提案として水和物で投棄する貯留があります．つまり，高圧力・低温の条件で二酸化炭素と水を混ぜると，周囲の水より重い固形物や水和物がつくられ，海底へと落下するのです．より新しい提案には，巨大な溶岩流の間にある粉砕された火山岩の中，約 0.8 km の深さに二酸化炭素を注入することです．二酸化炭素は，火山岩に浸透する水と反応します．酸性化した水は，おもにカルシウムとアルミニウムである岩の中の金属を溶解します．いったんカルシウムと反応して重炭酸カルシウムが形成されると，もはや気体となって外部に放出されることもありません．とはいえ，海洋中に放出できれば，重炭酸塩は比較的無害なのです．海洋の貯蔵庫では，第 2 章で確認した，さらに複雑な関係があります．例えば，海洋は循環しているので，そこに二酸化炭素を捨てたとしても，いくらかは最終的には大気にもどります．さらに，これによる海洋生態系への環境影響に対して，科学者はほとんど知らない状況です．

　これらの貯留方法に関する重大な問題は，安全性です．二酸化炭素は空気より重く，窒息を引き起こす可能性があるので，非常に危険な気体です．これに関する重要な実例に，1986 年にカメルーン西部で起こったニオス湖からの二酸化炭素大爆発があります．この爆発では，湖から 25 km に至るまでの範囲で 1700 人以上の人々と家畜が犠牲になっています．類似した惨事は以前にもありましたが，短時間にこのような範囲で，非常に多くの人々と家畜が窒息したことはあ

りませんでした．現在，科学者はその発生要因を，近くの火山から溶解した二酸化炭素が，湖の下の湧水から供給され，水の重さにより深水域に閉じ込められたためであると考えています．1986年の湖水混合という崩壊は，結果として爆発的な完全循環となり，閉じ込められていた二酸化炭素のすべてが一度に放出されたのです．しかし，米国周辺では石油の回収を高めるために，膨大な量の過去の二酸化炭素が，絶えずポンプで汲み上げられています．大きな事故の報告はなく，これらのパイプラインで働いている技術者は，ほとんどの主要都市を横切って走るガスや石油のパイプラインよりも，十分に安全であると感じています．

太陽放射管理（SRM）

これまで見てきたように，提案される気候工学の解決策の多くが，まだたんに発想段階であり，それらが実行可能かどうかを調べるためには，さらに多くの調査・研究を必要としています．このことは，これまで提案されてきた太陽放射管理（SRM）の発想に，とくに当てはまります．それらの多くは，ハリウッドの低俗なB級映画か何かのような印象を与えます．この中に，地球のアルベドを変えるというものがあります．つまり，地球温暖化による加熱とのバランスをとるために，宇宙空間へ反射される太陽エネルギー量を増加させるのです（図40）．これを成功させる方法には，宇宙に巨大な鏡を建設することや，大気中にエアロゾルを注入すること，より太陽光を反射する作物をつくること，すべての屋根

を白く塗ること，白い雲の量を増やすこと，世界の砂漠の広大な地域を反射性のポリエチレン・アルミシートで覆うことなどがあります．これらの方法すべてにいえる基本的な問題は，どのような波及効果をもっているかまったくわからないことです．現在，これまでに行われた気候工学実験のうち最大の方法の一つが大気に膨大な量の温室効果ガスを注入することにより，進行しています．これにより生じる可能性があることに対して考えはあるものの，気候システムにどのような具体的な影響が生じるかはまったくわかりません．このことは，気候工学の解決策にも同様に当てはまります．つまり，私たちは現在，副作用が働くかどうかや，それらがもつかもしれない説明のつかない副作用が何であるかについて，ほとんど見当がついていません．いろいろな意味で，気候変化は，病気や人間の身体と同様に見なすことができます．例えば，病気を治すことや治そうとすることよりも，病気を予防することがつねに好ましく，薬と化学療法や放射線治療には潜在的な副作用があることを誰もが知っています．

具合の悪い太陽放射管理の例として，これらのより奇抜なアイデアの一つ，太陽光反射を利用する宇宙鏡を見てみましょう．これらの中で最も洗練されているのは，アリゾナ大学宇宙適応光学センターのディレクターであるロジャー・エンジェル（Roger Angel）のものです．これが高価であることは彼自身が認めており，最低でも1兆ドルをかけて16兆機のきわめて薄く軽い宇宙船を用意する必要があります．しかし，これまで議論してきたすべてのほかの考えがそうであ

るように，地球のアルベドを変える試みはうまくいかないでしょう．その理由は，これらのアプローチがすべて，平均気温を下げて安定させるということにあります．このことは，第2章からわかったように，気候を駆動する現在の気温分布の重要性を見落としています．実際に，ブリストル大学のダン・ラント（Dan Lunt）とその同僚は，気候モデルを使って，これらのアプローチが完全に異なる気候をもたらすことを示しています．例えば，熱帯では気温が1.5℃低く，高緯度では1.5℃高く，降水量は産業革命前と比較して世界的に5％少なくなります．

気候工学におけるガバナンス

　王立協会による気候工学に関する2009年のレポートは，この研究領域における現在の科学的材料を概説するだけでなく，気候システムの変化に関連するガバナンスの問題を理解する重要な一歩となりました．地域的・地球的気候の変化が，いかに国々で異なった影響となるのかを考えるとき，非常に多くの倫理的問題が生じます．全体的に肯定的結果はありますが，降水分布の小さな変化は，国全体で十分な降水を受け取れなかったり多すぎたり，場合によっては災害をもたらす可能性があることを意味しています．王立協会は気候工学に対して，下記の三つの主要な見解をまとめました．

① 国際的な緩和交渉の失敗を取り戻すために，時間を買いもどす一つの方法である．

② 地球システムに関する危険な操作を表し,本質的に非倫理的である可能性がある.
③ 厳密には,主要な緩和策の失敗に対する保険的施策の一つである.

研究が進められ,気候工学による解決策が必要とされるにしても,近代科学の多くの新領域と同様に,新たな柔軟なガバナンスと規制の枠組みは求められるでしょう.現在,気候工学に関連する多くの国際的な条約があり,単一の手段は当てはまらないように見えます.気候を"安定化する"ことは,世界に関する国家の見解に挑むことであり,そのためには新たな統治方法が将来必要とされるでしょう.

適 応

たとえもし私たちが二酸化炭素排出量の大幅削減を決め,利用可能な気候工学すべての選択肢を試したとすると,いくぶんかの気候変化はあると考えられます.これは,すでに $0.75°C$ の気温上昇が生じているためであり,たとえもし大気中の二酸化炭素を2000年レベルにまで減らしたとしても,少なくともまだあと $0.6°C$ の気温上昇が見込まれます.国際的な対話の失敗と,気候工学に対する大きな投資不足を考えると,現在は"現状維持型"の途上にいます.このことは,多くの国が近い将来,気候変化によって悪影響を受けること,そして,次の30年には,ほとんどすべての国が影響を受けることを意味します.そのため,気候問題を改善するこ

との失敗は，変化する気候に適応するための新たな計画も立てなければならないことを意味します．それぞれの国の政府は，国の環境と社会経済システムの脆弱性を調べ，気候変化に関する最も可能性の高い予測を行う必要があります．

　しかし，気候変化による大きな脅威は予測不可能なものです．人間は，砂漠から北極に至るどんな極端な気候においてもほとんど居住できますが，それは，極端な天候の範囲を予測できる場合だけです．ですから，適応とは，実際にどの程度各国もしくは各地域で新たなレベルでの極端な気候の脅威の出現に対処できるのかということなのです．社会基盤の整備は，とくに民主主義国家において 30 年以上はかかるので，この適応はいまはじめなければなりません．たとえば，より適した海岸堤防を建設したり，ある地域の農地を自然湿地に戻し，土地利用を変えたりしたいのなら，適切な方法を調査し，計画を立てるために最高 20 年はかかる可能性があります．それから，十分な相談や法的手続きを完了するために，もう 10 年かかる可能性があります．これらの整備を実行するためにさらに 10 年，自然な回復が起こるのにもう 10 年かかります．よい例に，現在，ロンドンを洪水から防いでいるテムズ・バリア（洪水対策の制御装置）があります．それは，1953 年の猛烈な洪水を機に建設されましたが，31 年後の 1984 年まで公式に公開されていませんでした．

　気候変化への適応が現在投資されるべきお金を必要としていることは別の問題です．多くの国は資金をまったくもって

いません．ほとんどの人々が今を生きているので，未来の自分を守るためにより多くの税金を払いたくないのです．議論される適応のすべてが，地域や国，世界の長期的資金の節約につながるという事実にもかかわらず，世界中の社会同様，私たちはまだかなり短期的視野に立っています．それは，たいてい，次の政権との間の数年で評価されています．

気候変化の影響評価の準備は，あらゆる政府ですぐに実施可能です．例えば，英国では，英国気候影響プログラム（http://www.ukcip/org.uk）があり，英国における次の100年の気候変化に対する影響の可能性を示しています．このプログラムは，英国全土，地方政府，産業，ビジネス，メディア，一般市民に向けられています．あらゆる政府がこれらのプログラムの一つをはじめれば，少なくとも市民は，国が気候変化にどう適応すべきかについて，選択する情報を得ることになります．

まとめ

では，どのようにして世界的気候変化を食い止めるべきなのでしょうか．第一に，国際的な政治的解決策をもつことが賢明なように見えます．現在，2012年以降の合意がなく*1，世界の二酸化炭素排出量は大幅な増加を見せています（図41）．いかなる政治的合意であっても，開発途上国の急速な発展を守る策を含む必要があります．最貧国の人々が発展するとともに，先進国が享受するのと同じライフスタイルを獲

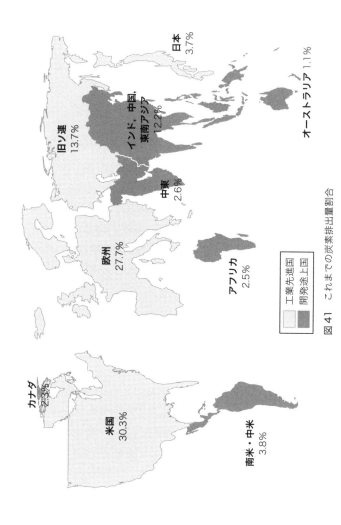

図41 これまでの炭素排出量割合

得する権利を有することが，分別ある要請なのです．世界の二酸化炭素排出量を減らす手段を提供するために，代替／再生可能エネルギー源と低炭素技術への大規模投資もまた必要となります．とくに森林再生やCCSのような，短期間で顕著な効果を上げる気候工学による解決への投資がなされるべきです．気候変化に対する行動もまた，つねに相互利益という要素を含むべきです．例えば，再生可能エネルギーの大幅な拡大を支援することは，排出量を減らすだけでなく，輸入する石油・石炭・ガスへの依存を減らすことで，エネルギー安全保障の助けとなります．森林伐採の減少と森林再生は，大気中から二酸化炭素を減らすだけでなく，生物多様性を保持し，土壌を安定化させ，炭素クレジットにより住民の生計手段の提供にもつながります．自動車使用を減らす策は，ウォーキングとサイクリングを増やし，たとえば肥満と心臓発作の割合を下げ，徐々に人々の健康改善へとつながるでしょう．

　国際政治やクリーンエネルギー技術，気候工学に，すべての期待をかけてはいけません．つまり，私たちは最悪の事態に備え，適応しなければなりません．それをいま実行するなら，気候変化により生じる費用と損害の多くは軽減できます．一方，このことは国や地域に対して次の50年間の計画立案を求めますが，政治制度はきわめて短期的な視点しかもたないため，ほとんどの社会でこれを実行することはできません．気候問題は，私たちが社会を組織する，まさにその方法に対する挑戦なのです．それは，世界的責任に対しての国

家の考えだけでなく，政治指導者の短期的展望に対する挑戦でもあります．気候変化に対して何をすべきか，という問題に答えるためには，より世界的で長期的に継続可能な方策を採用する必要があり，そのためには，社会の基本的なルールのいくつかを変えなければなりません．

(＊訳注1)　2015年12月のCOP 21では，2020年以降，すべての国が協調して長期的な温暖化対策に取り組むための新たな国際条約（パリ協定）が採択されました．

第10章
究極的な気候変化

はじめに

　地球の気候が，過去にどのような変化をしてきたのかを理解することによって，将来の気候を検証することが可能となります．本書で紹介した変化過程の多くによって，近未来あるいは遠い将来に起こることを予見することができます．

次の氷期

　最新の科学的研究は，次の氷期へのゆるやかな気温低下が，今後1000年のどこかではじまるはずであるとしています．第7章では，地球軌道の異なる歳差がどのように気候へ影響を与えるのか確認しました．また，以前の間氷期を調べることで，その持続期間もわかります．ロンドン大学の古気

候学者クロニス・ツェダキス（Chronis Tzedakis）とその同僚は，自然変動による完新世の長さを調べ，現在から今後1500年のどこかで次の氷期がはじまるはずであることを示しました．しかし，それは起こらないだろうと，彼らは結論づけました．気候システムが氷期から脱するとき，どの間氷期でも大気中二酸化炭素濃度は最も高いようです．二酸化炭素濃度は，どの間氷期においても臨界値であるおよそ240 ppmvになるまでゆっくりと低下します．この値は，産業革命前より40 ppmv低く，現在より160 ppmv低い値です．いったんこの臨界値に達すると，気候システムは軌道強制力に反応し，次の氷期へと移行することができます．しかし，二酸化炭素濃度汚染が，もしいまのまま高い値をとれば，次の1500年の間に氷期へ移行するのを妨げます．実際，ベルギーのルーヴァン・カトリック大学アンドレ・ベルガー（Andre Berger）の予測モデルによると，二酸化炭素濃度を2倍にしたときには，地球温暖化により4万5000年間次の氷期は起こりません．しかし，興味深いことに，そのときまでに軌道強制力は，きわめて高いレベルの温室効果ガスを上回るほど大きくなり，通常の氷期-間氷期サイクルが再開します．

産業革命以前でさえ，二酸化炭素濃度が，なぜあるべき予測値よりもすでに高かったのかは，別の興味深い点です．これにより，ラディマンのすぐれた人新世初期仮説（early anthoropocene hypothesis）が提出されます．ヴァージニア大学の古気候学者ビル・ラディマン（Bill Ruddiman）は，

約7000年前と5000年前まではそれぞれ自然減少していた二酸化炭素とメタン濃度が，初期の農耕活動により増加へと転じたのだと提唱しました．この議論は大きな論争を引き起こしました．すべてのすぐれた理論がそうであるように，何度も検証されましたが，誰もまだ反証を挙げるには至っていません．したがって，基本的には，初期における環境と人間の相互作用が，温室効果ガスを増加させたというのがその根拠です．この増加は，産業革命以前でさえ十分なものであり，次の氷期のはじまりを遅らせるほどの気候変化があったのです．正確には，いつ人類がそのような地質学的強制力をもつようになったのかという問題も生じています．それは，すべての地質年代が名前をもつので，人類が地球の気候システムに大きな影響を与えはじめた年代を定義する動きがあるからです．

「人新世（anthropocene）」という言葉は，生態学者のユージン・F. ストーマー（Eugene F. Stoermar）によってつくられ，ノーベル賞受賞者である大気化学者ポール・クルッツェン（Paul Crutzen）によって広められました．この言葉はギリシャ語に由来し，"anthropo" が「人間」，"cene" が「新しい」を意味しています．多くの支持を受けていますが，完新世と人新世の間の境界をどこに置くのか，まだ確定していません．地質学において，地質年代間の境界は，世界中の理解のために，明確に定義された基準か，"ゴールデン・スパイク（黄金の犬釘）"をもっていなければなりません．ラディマンが提唱した大気中の二酸化炭素に対する初期人類の影

響を境界とする時代を受け入れる人もいますが，産業革命以降に賛同する人もいます．さらに，氷床コアに見られる文明の微量元素の証拠，例えば1960年代に行われた核実験による塩素層などを境界とする時代を支持する人もいます．最終的な基準がどうなるにしても，人類が地球に対する"地質学上の"大きな影響をもつことに疑う余地はありません．これらの影響には，大規模な土地利用変化を通しての地球規模の侵食パターンの変化や，大量絶滅と生物多様性の莫大な損失をもたらす森林伐採，地球規模の窒素循環変化，オゾン層破壊，そしてもちろん気候変化も含まれます．

次の超大陸

　テキサス大学アーリントン校の，クリストファー・スコテーゼ（Christopher Scotese）は，古地理図プロジェクト（PALEOMAP Project）の責任者です．このプロジェクトは，過去10億年間，プレートテクトニクスが海盆や大陸，これらが位置をどのように変化させてきたのか表現することを目的としています．そして，プレートテクトニクスが将来の地球表面をどのように変化させるのかも推測しています．第5章では，過去における超大陸の形成と，気候と生物の進化両方に対するその深刻な影響を見てきました．古地理図プロジェクトによれば，次の超大陸は2億5000万年後に形成されると予想されています（図42）．5000万年後までは，少しの変化を除き現在と同様の世界に見えますが，大西洋は拡大を続け，アフリカ大陸は地中海を閉鎖しながら欧州に衝突し，

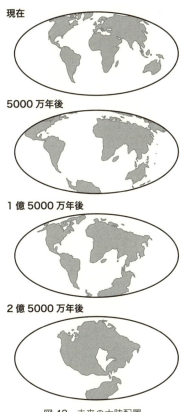

図42 未来の大陸配置

オーストラリア大陸は東南アジアとぶつかり,カリフォルニアはアラスカ海岸へと北方に移動することになります．実に興味深い変化が,5000万年〜1億5000万年後の間に生じます．重要なのは,南北米大陸の東海岸沿いの大きな変化で

第10章 究極的な気候変化　　183

す．現在，この場所はパッシブ・マージンとよばれる領域で，大陸プレートと海洋プレートが接しています．しかし，5000万年後辺りのいつかには，大西洋の大陸がカリブ海・ココスプレート境界を横切り，大西洋に新たな沈み込み帯（プレート同士が衝突し，片方がもう一方の下に潜り込む場所）を形成します．これが西大西洋海溝をつくり，大西洋の海洋プレートの沈み込みがはじまるのです．大西洋中央海嶺が新しい海洋プレートをつくり出しているにもかかわらず，最終的には沈み込みがこの形成を上回り，大西洋は閉鎖しはじめます．約1億5000万年後には，大西洋中央海嶺は沈み込み帯に到達して消滅します．新しい海洋プレートの形成がないため，大西洋の閉鎖は加速します．そのときのほかの場所を見ると，英国と欧州には北太平洋のような景色が広がり，地中海の山地は最大の高さに達し，南極大陸とオーストラリア大陸は一つの大きな大陸を形成しているでしょう．2億5000万年後までには，南北米，アフリカ，アジアが結合して一つの超大陸となり，オーストラリアの大きさの内海をもつことでしょう．狭い海峡が，超大陸と南極-オーストラリア大陸とを分かちます．古気候記録から，超大陸が生物にとってよくないことがわかります．例えば，超大陸が形成されていた2億5000万年前のペルム紀-三畳紀絶滅イベントの間に，すべての海洋生物の96％と陸上脊椎動物の70％が絶滅しました．ですから，あと2億5000万年もすれば，地球上のどのような生物も，別の大きな困難な時代に直面することになるでしょう．

沸騰する海洋

　超大陸の形成・分裂サイクルは大陸が存在する限り続くと，私たちは仮定しています．しかし，複雑な多細胞生物が生き延びることができない段階に，気候が悪化するという主張があります．例えば，太陽は形成以降，エネルギー放出を増加させています．太陽の明るさは，10億年ごとに約10％増加しています．ジェームス・ラブロック（James Lovelock）は，過去数十億年の温室効果ガス含有量の増加を考慮するために，生命-気候システム・フィードバックを示しました．これが彼の提示したガイア仮説の中心的論拠です．しかし，地質年代スケールの中では，すでに温室効果ガス濃度はきわめて低い状態にあります．私たちが，これを覆すような最良の取り組みを過去100年間にわたり行っているにもかかわらずです．つまり，惑星の冷却能力は，その限界に近づきつつあるのです．これは，次の数十億年間で地球の温度が徐々に上昇する可能性があることを意味しています（図43）．非常に温度が上昇し，そのため海洋が消滅しはじめ，膨大な量の水蒸気が大気へと放出されるような臨界点がくるでしょう．第2章で見たように，水蒸気は最も重要な温室効果ガスの一つです．そして，この上昇の一途をたどる温室効果ガスが，地球の平均気温を100℃上昇させるので，現存の多細胞生物は生き延びることができません．究極的な気候変化は，海が沸騰し，超地球温暖化を引き起こすときに生じると思います．生命や複雑な生命体が進化した，まさにこの場所が，最

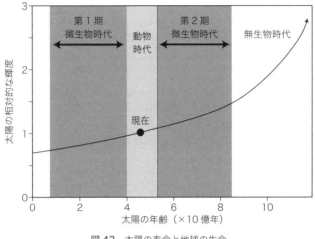

図43　太陽の寿命と地球の生命

終的な廃物焼却炉になることは，かなり皮肉なものです．最も極端な微生物でさえ，あと約30億年存続するだけで，そのときはそれら微生物にとっても暑すぎるでしょう（図43）．

地球の終焉

地球上の多細胞生物が約10億年，微生物が約30億年で死滅するとはいえ，これは地球の終わりではありません．それは，約50億年で起こると予測されています．太陽は，水素をヘリウムに変える過程において，中間点にいます．毎秒400万トン以上の物質が，太陽の核の中でエネルギーへと変換しています．この45億年の間，太陽は地球100個分の物質をエネルギーに変えてきました．しかし，太陽は超新星と

して爆発するのに十分な質量をもってはいません．その代わりに，約50億年で赤色巨星の段階に入るはずです．核で水素燃料が消費されるにつれて外層は膨張し，核は縮小し加熱していくでしょう．それから，ヘリウム核を囲む電子殻に沿って水素融合が続き，より多くのヘリウムが生成されながら，絶え間なく拡大していくでしょう．いったん核の温度が約1億℃に達すると，太陽はヘリウムの消費を終えて炭素を生成しはじめるはずです．赤色巨星となったとき，太陽は地球の現在の軌道面積（太陽の現在の半径の約250倍）よりも大きいでしょう．このときでさえ，地球は生き延びるかもしれないと考えられていました．それは，太陽が現在の質量のおよそ30％を失うので重力が弱まり，その結果，周囲の惑星軌道が外側へと移動すると考えられたからです．しかし，メキシコ・グアナフアト大学のピーター・シュローダー（Peter Schröder）と英国・サセックス大学のロバート・スミス（Robert Smith）は，太陽の赤色巨星への移行に関する詳細なモデルを生み出しました．それによれば，地球軌道は最初に拡大しますが，地球自身の引力により，太陽表面に"海水の膨らみ（tidal bulge）"を引き起こします．その膨らみは地球軌道の拡大に少し後れをとりますが，灼熱の終焉に地球を引き込むのに十分なほど，地球を減速させるでしょう．赤色巨星の段階と地球の終焉が過ぎた後，太陽は外層を放出し，惑星状星雲を形成します．外層が放出された後に残る唯一の物体は，きわめて熱い恒星の核です．それは数十億年以上かけてゆっくりと冷えて弱まり，白色矮星になるのです．

参考文献

気候学と気象学全般にわたる教科書

R. G. Barry and R. J. Chorley, "Atmosphere, Weather and Climate, Routledge, 9th edition", 2009, p. 536.

A. Colling (ed.), "The Earth and Life: The Dynamic Earth", Open University Worldwide, 1997, p. 256.

J. Gleick, "Chaos: Making a New Science", Vintage, new edition, 1997, p. 380.

R. Hamblyn, "The Cloud Book: How to Understand the Skies", David & Charles Publishers, 2008, p. 144.

T. R. Oke, "Boundary Layer Climates", Routledge, second (reprinted) edition, 2001, p. 464.

古気候学

R. B. Alley, "The Two-Mile Time Machine: Ice Cores, Abrupt Climate Change, and Our Future", Princeton University Press, new edition, 2002, p. 240.

B. Fagan (ed.), "The Complete Ice Age: How Climate Change Shaped the World", Thames and Hudson, 2009, p. 240.

C. H. Langmuir and W. Broecker, "How to Build a Habitable Planet: The Story of Earth from the Big Bang to Humankind", Princeton University Press, revised and expanded edition, 2012, p. 720.

J. J. Lowe and M. Walker, "Reconstructing Quaternary Environments", Prentice Hall, 2nd edition, 1997, p. 472.

W. F. Ruddiman, "Earth's Climate: Past and Future", W. H. Freeman, 2nd edition, 2007, p. 480.

R. C. L. Wilson, S. A. Drury, J. L. Chapman, "The Great Ice Age: Climate Change and Life", Routledge, 2003.

J. Zalasiewicz and M. Williams, "The Goldilocks Planet: The 4 Billion Year Story of Earth's Climate", Oxford University Press, 2012, p. 336.

将来の気候変化

A. Costello *et al.*, 'Managing the Health Effects of Climate Change', *Lancet*, **373** (2009): 1693-733.

IPCC (Intergovernmental Panel on Climate Change), "Climate Change 2007: The Physical Science Basis", Contribution of Working Group I to the Fourth Assessment Report of the Intergovernmental Panel on Climate Change, Solomon *et al.* (eds), Cambridge University Press, 2007.

M. Maslin and S. Randalls (eds), "Future Climate Change: Critical Concepts in the Environment", (Routledge Major Work Collection: 4 volumes containing reproductions of 85 of the most important papers published in Climate Change), 2012, p. 1600.

M. Maslin, "Global Warming: A Very Short Introduction", Oxford University Press, second edition, 2008, p. 192.

W. F. Ruddiman, "Plows, Plagues, and Petroleum: How Humans Took Control of Climate", Princeton University Press, new edition, 2010, p. 240.

N. Stern, "The Economics of Climate Change: The Stern Review", Cambridge University Press, 2007, p. 692.

G. Walker and D. King, "The Hot Topic", Bloomsbury, 2008, p. 309.

気候安定化

R. Gelbspan, "Boiling Point", Basic Books, 2005, p. 254.

M. Henderson, "The Geek Manifesto: Why Science Matters", Bantam Press, 2012.

M. Hillman, "How We Can Save the Planet", Penguin Books, 2004.

R. Kunzig and W. Broecker, "Fixing Climate", Green Profile, in association with Sort of Books, 2008, p. 288.

C. Hamilton, "Earthmasters: The Dawn of the Age of Climate Engineering", Yale University Press, 2013, p. 247.

M. Maslin and J. Scott, 'Carbon Trading Needs a Multi-Level Approach?' *Nature*, **475** (2011): 445-7.

A. Meyer, "Contraction and Convergence: The Global Solution to Climate Change", Green Books, 2000.

The Royal Society, "Geoengineering the Climate: Science, Governance and Uncertainty", The Royal Society Science Policy Centre report 10/09, The Royal Society, 2009, p. 81.

啓蒙書

D. Brownlee and P. Ward, "The Life and Death of Planet Earth: How Science Can Predict the Ultimate Fate of Our World", Piatkus, 2007, p. 256.

J. D. Cox, "Weather for Dummies first edition", For Dummies, 2000, p. 384.
R. Hamblyn, "Extraordinary Weather: Wonders of the Atmosphere from Dust Storms to Lightning Strikes", David & Charles Publishers, 2012, p. 144.
J. Martin, "The Meaning of the 21st Century", Eden Project Books, 2007, p. 526.
The Royal Society, "People and the Planet", The Royal Society Science Policy Centre report 01/12, The Royal Society, 2012, p. 81.

気候を題材とする小説
D. Defoe, "The Storm", Penguin Classics, 2005, p. 272.
K. Evans, "Funny Weather", Myriad Editions, 2006, p. 95.
J. Griffiths, "WILD: An Elemental Journey", Penguin Books, 2008.
P. F. Hamilton, "Mindstar Rising", Pan Books, 1993.
S. Junger, "The Perfect Storm: A True Story of Man Against the Sea", Harper Perennial, 2006, p. 240.
J. McNeil, "The Ice Lovers: A Novel", McArthur & Company, 2009, p. 325.
K. S. Robinson, "Forty Signs of Rain", Harper Collins, 2004.

訳者がすすめる書籍と関連する章
Kenneth J. Hsü, "The Mediterranean was a Desert: A Voyage of the Glomar Challenger", Princeton University Press, Chapter 6, 1987（岡田博有 訳,『地中海は沙漠だった―グロマー・チャレンジャー号の航海』, 古今書院, 6章, 2003年）.
Wally Broecker, "The Great Ocean Conveyor: Discovering the Trigger for Abrupt Climate Change", Princeton University Press, Chapter 2, 2010（川幡穂高・眞中卓也・大谷壮矢・伊左治雄太 訳,『気候変動はなぜ起こるのか―グレート・オーシャン・コンベヤーの発見（ブルーバックス）』, 講談社, 2章, 2013年）.
保坂直紀 著,『謎解き・海洋と大気の物理―地球規模でおきる「流れ」のしくみ（ブルーバックス）』, 講談社, 1～2章, 2003年.
上野充・山口宗彦 著,『図解 台風の科学―発生・発達のしくみから地球温暖化の影響まで（ブルーバックス）』, 講談社, 4章, 2012年.
多田隆治 著,『気候変動を理学する―古気候が変える地球環境観』, みすず書房, 1章, 5章, 2013年.
町田洋・大場忠道・小野昭・山崎晴雄・河村善也・百原新 編著,『第四紀学』, 朝倉書店, 3章, 7章, 10章, 2003年.
日本第四紀学会・町田洋・岩田修二・小野昭 編,『地球史が語る近未来の環境』, 東京大学出版会, 3章, 7章, 10章, 2007年.
気候影響・利用研究会 編,『エルニーニョ・ラニーニャ現象―地球環境と

人間社会への影響』成山堂書店, 3 章, 2010 年.

筆保弘徳・伊藤耕介・山口宗彦 著,『台風の正体(気象学の新潮流 2)』, 朝倉書店, 4 章, 2014 年.

斉田季実治 著,『知識ゼロからの異常気象入門』, 幻冬舎, 4 章, 2015 年.

中村尚 著,『「日本の四季」がなくなる日―連鎖する異常気象』, 小学館, 4 章, 2015 年.

甲斐憲次 著,『二つの温暖化―地球温暖化とヒートアイランド』, 成山堂書店, 8 章, 2012 年.

江守正多 著,『地球温暖化の予測は「正しい」か?―不確かな未来に科学が挑む (DOJIN 選書 20)』, 化学同人, 8 章, 2008 年.

明日香壽川 著,『地球温暖化―ほぼすべての質問に答えます!(岩波ブックレット No.760)』, 岩波書店, 8 章, 2009 年.

杉山昌広 著,『気候工学入門―新たな温暖化対策ジオエンジニアリング』, 日刊工業新聞社, 9 章, 2011 年.

鬼頭昭雄 著,『異常気象と地球温暖化―未来に何が待っているか』, 岩波書店, 2015 年.

仁科淳司 著,『やさしい気候学 第 3 版』, 古今書院, 2014 年.

大河内直彦 著,『チェンジング・ブルー―気候変動の謎に迫る』, 岩波書店, 2008 年.

索 引

AABW ⇨ 南極低層水
AMO ⇨ 大西洋数十年規模振動
AO ⇨ 北極振動
AOGCMs ⇨ 大気–海洋結合大循環モデル
business as usual シナリオ ⇨ 現状発展型シナリオ
CCS ⇨ 二酸化炭素の回収と貯留
ENSO ⇨ エルニーニョ/南方振動
ETS ⇨ 排出権取引の枠組み
GCM ⇨ 3次元全球気候モデル
IPCC ⇨ 気候変動に関する政府間パネル
IPCC 報告書　138, 144, 145
ITCZ ⇨ 熱帯収束帯
mausim　71
MPT ⇨ 中期更新世の気候転換期
NADW ⇨ 北大西洋深層水
NAO ⇨ 北大西洋振動
PALEOMAP Project　182
POD ⇨ 太平洋十年規模振動
Sv（スベルドラップ）　32
technofix　164
『The Economics of Climate Change』　147
tidal bulge　187

あ 行

アイス・アルベドフィードバック　121
アガシー，ルイス　113
アタカマ砂漠　88
亜熱帯気団　70
亜熱帯高圧帯　25
亜熱帯ジェット気流　27
アマゾン盆地　75
アマゾンモンスーン　74
アルベド　5, 121, 170
イエローストーン　93
イーストアングリア大学　142, 143
一酸化二窒素　19
緯度帯型大陸分布　78
ウィーン条約　17
雨陰効果　86
ウォーカー循環　111
宇宙鏡　170
ヴュルム　114
エアロゾル　17
永久氷　80

永久氷床　97
英国気候影響プログラム　175
液体化石燃料　156
エクマン，ヴァン・ヴァルフリート　30
エクマン輸送　30
エルニーニョ　47
エルニーニョ/南方振動（ENSO）　46, 111
黄塵地帯 ⇨ ダストボウル
王立協会　172
オゾン　17
温室効果ガス　17, 122, 138, 140, 141, 151, 180, 185
温帯林　40

か行

ガイア仮説　185
海水の膨らみ　187
海洋ゲートウェイ　78
海洋循環　81
海洋性プランクトン　103
海洋堆積物コア　130
カオス　41
カオス理論　42
核分裂　160
核融合　161
化石燃料　154
ガバナンス　172
カルマン，セオドア・フォン　15
カルマン線　15
完新世　133
慣性流　32
寒帯気団　69
寒帯ジェット気流　27
寒帯前線　25, 70
干ばつ　4
緩和　152

気候　41
気候工学　161
気候ジェットコースター　129
気候システム　43, 127
気候シミュレータ　53
気候の黄金時代　109
気候変動に関する政府間パネル（IPCC）　53
『気候変動の経済学』　147
気候モデル　52
技術による修復 ⇨ テクノフィックス
気象　41
気象予測　42
季節サイクル　9
北回帰線　8
北大西洋深層水（NADW）　36, 37, 84
北大西洋振動（NAO）　45
キャップ・アンド・トレード　165
ギュンツ　114
極循環　26
楔　152
クライメートゲート事件　141, 142
クラカトア火山　90
グリーンランド氷床　104
クルッツェン，ポール　181
グローバルディミング ⇨ 地球暗化
黒潮海流　24
ケイ酸塩岩　103
ケイ酸塩鉱物　103, 168
ケイ素　167
経度帯型大陸分布　81
現状発展型排出シナリオ　145, 147
黄道傾斜角　110

古地理図プロジェクト　182
コリオリの効果　10, 11, 61, 66
コルディレラ氷床　124
ゴンドワナ大陸　94

さ　行

サイクロン　58, 76
最終氷期　127, 129, 130, 133
砂　漠　39, 88
サバンナ　39
サファ・シンプソン・スケール　61
ザンクリアン洪水 ⇨ 末期メッシニアン洪水
3次元全球気候モデル（GCM）　52
ジェット気流　27, 69, 70
シエラ-コロラド高地　89
ジオエンジニアリング ⇨ 気候工学
疾　病　4
自転軸　7
ジブラルタル海峡　105
周極海流　82
収束性降雨帯　29
蒸発岩鉱床　105
小氷期　134, 135
シリカ ⇨ ケイ素
シルト　75, 159
人工木　166
深層水循環　33, 84
水蒸気　19
水蒸気限界　123
水上竜巻　66
水　力　158
水力発電　158
スカンジナビア氷床　124
スコテーゼ，クリストファー　182
スターン，ニコラス　147
スターン・レビュー　147, 148
ステップ植生　40
ストーマー，ユージン　181
スノーボール・アース仮説　95
スベルドラップ（Sv）　32
生物学的炭素除去　163
生物源炭酸塩（HCO_3^-）　167, 168
赤色巨星　187
全球凍結　96
潜　熱　60
双極気候シーソー　132, 133
ソーラー・システム・プラント　156

た　行

大気-海洋結合大循環モデル（AOGCMs）　53
大気組成　16
大気プラネタリウム　121
大西洋数十年規模振動（AMO）　45
代替エネルギー　154
大氷河時代　104
台　風　58, 64
台風の眼　60
台風横丁　64
太平洋-カリブ海ゲートウェイ　107
太平洋十年規模振動（POD）　45
太　陽　186
太陽エネルギー　5, 154, 155
太陽光起電性パネル　156
太陽光パネル　156
太陽熱暖房　155
太陽放射管理（SRM）　170

第四紀　114
対流性降水域　29
大量絶滅の母　94
ダスト　90
ダスト・デビル　65
ダストボウル　163
竜巻　65
竜巻横丁　68
ダム　159
炭酸塩岩　103，168
炭酸塩鉱物　168
ダンスガード・オシュガー・イベント　131，133，134
炭素クレジット　163，177
炭素循環　104，167
地球暗化　18
地衡流　33
地中海　105
地中海性植物層　40
地熱　160
地熱エネルギー　159
チベット-ヒマラヤ山塊　89
中緯度循環　⇨　フェレル循環
中期更新世の気候転換期（MPT）　111
中世の温暖期　134，135
中米深海峡　81
超巨大噴火　91
超大陸　93，182
貯留　168
ツンドラ　40
低炭素エネルギー　159
適応　173
テクノフィックス　164
デスバレー　88
テチス海峡　81
鉄　164
テムズ・バリア　174
天気　41

冬季擾乱　29，69
透光層　165
トバ火山　93
ドラムリン　126
ドレーク海峡　84，100

な　行

南極還流　100
南極低層水（AABW）　37，84，85
ナンセン，フリチョフ　30
南東貿易風　23
二酸化硫黄　90，91
二酸化炭素　19，169
二酸化炭素大爆発　169
二酸化炭素濃度　180
二酸化炭素の回収と貯留（CCS）　165
二酸化炭素排出量　151
日較差　10
日照時間　10
熱帯雨林　39，40，125，127，128，129
熱帯環状陸域世界　78
熱帯還流　82
熱帯収束帯（ITCZ）　23，28，29，60，73
熱帯低気圧　58
熱波　4

は　行

バイオ燃料　156
排出権取引の枠組み（ETS）　165
排出シナリオ　54
ハインリッヒ・イベント　129，130，131，132，133
白色巨星　187
バタフライ効果　44

パッシブ・マージン　184
ハッフェル　127
ハドレー，ジョージ　27
ハドレー循環　25
パナマ・ゲートウェイ　84, 107
パーフェクト・ストーム　148
ハリケーン　8, 58
ハリケーン・アンドリュー　63
ハリケーン・ミッチ　47, 63
バングラデシュ　75
パンゲア　94
東アフリカ地溝帯　111
東オーストラリア海流　24
人新生　181
人新世初期仮説　180
ヒートポンプ　160
ピナツボ火山　91
氷期−間氷期サイクル　100, 114, 119, 121, 122
氷床コア　130, 134, 182
表面海流　24
ビンジ・パージモデル　132
フィードバック　121, 122, 123, 124
フィードバック機構　121
フィヨルド　126
風化（作用）　103, 167
風力　157
風力タービン　157
フェノスカンジナビア氷床　124
フェレル，ウィリアム　27
フェレル循環　26
藤田スケール　65
物理的除去　165
ブラジル海流　24
プラスチック木　166
プラネタリー波　28, 70

ブリティッシュ氷床　124
ブリュックナー，エドワルド　114
プレートテクトニクス　77, 182
ブロッカー，ウォーレス　129, 132
フロンガス　17
分裂大陸　93
ベースライン　158
ベディントン，ジョン　149
ペルム紀−三畳紀絶滅イベント　184
ベンガルデルタ　75
ペンク，アルブレヒト　114
北東貿易風　23
北極振動（AO）　45
ホットスポット　91
北方林　40
ホモ・エレクトゥス　111

ま　行

マウシム　71
末期メッシニアン洪水　105
マックアイール，ダグ　132
みそすり運動　110
南回帰線　9
ミュラー，リチャード　142
ミランコビッチ，ミルティン　116, 119
ミレニアム生態系評価　146
ミンデル　114
メキシコ湾流　34, 35
メタン　19
メッシニアン塩分危機　105
モレーン　126
モンスーン　8, 52, 41
モンスーンシステム　90
モンスーン循環　28

モントリオール議定書　17

や 行
U字谷　126

ら 行
ラディマン，ビル　180
ラニーニャ現象　49
ラモント・ドハティー地球観測研
　　究所　102, 129
リ　ス　114
両極大陸世界　80

レス堆積物　125
レフュジア　128
ローラシア大陸　94
ローレンタイド氷床　124,
　　126, 129, 132
ローレンツ，エドワード　43
ロディニア大陸　93
ロンドン・アレイ　157

わ 行
惑星状星雲　187

原著者紹介
Mark Maslin（マーク・マスリン）
ロンドン大学ユニバーシティ・カレッジ，地理学教授．王立地理学会フェロー．2011年，王立協会ウォルフソン研究功績賞．主な著書に，Very Short Introduction シリーズ（Oxford University Press）"Global Warming"（2008），"Climate Change"（2014）などがある．

監訳者紹介
森島　済（もりしま　わたる）
日本大学文理学部地理学科教授．博士（理学）．専門は自然地理学，気候学．主に熱帯域をフィールドとして，現地調査やデータ分析を通じ，気候変動や異常気象が地域社会・環境に与える影響を調査・研究している．共著書に『フィールドで学ぶ気象学』（成山堂書店），共訳書に『地理学のすすめ』（丸善出版）などがある．

サイエンス・パレット 030
気候　── 変動し続ける地球環境

平成 28 年 6 月 25 日　発　行

監訳者	森　島　　　済	
発行者	池　田　和　博	
発行所	丸善出版株式会社	

〒101-0051　東京都千代田区神田神保町二丁目17番
編集：電話 (03)3512-3261／FAX (03)3512-3272
営業：電話 (03)3512-3256／FAX (03)3512-3270
http://pub.maruzen.co.jp/

Ⓒ Morishima Wataru, 2016
組版印刷・製本／大日本印刷株式会社
ISBN 978-4-621-30045-9　C 0344　　　　　Printed in Japan

本書の無断複写は著作権法上での例外を除き禁じられています．